新编项目式培训教材

U0739092

中文版

Photoshop 2024
基础培训教程

数字艺术教育研究室 编著

人民邮电出版社

北京

图书在版编目（CIP）数据

中文版 Photoshop 2024 基础培训教程 / 数字艺术教
育研究室编著. -- 北京 : 人民邮电出版社, 2025.

ISBN 978-7-115-66261-3

I. TP391.413

中国国家版本馆 CIP 数据核字第 202578W1H8 号

内 容 提 要

本书全面、系统地介绍 Photoshop 的基本操作方法和图形图像处理技巧，包括软件和图像基础应用、绘制和编辑选区、绘制图像、修饰图像、绘制图形及路径、调整图像的色彩和色调、图层的应用、应用文字、通道与蒙版、滤镜效果和商业案例实训等内容。

本书内容以"任务实践"为主线，让读者可以通过对各任务的实际操作快速上手，熟悉软件功能和图像编辑技巧。书中的"任务知识"让读者能够深入学习软件功能；"项目实践"和"课后习题"可以提高读者的实际应用能力及软件使用技巧。"商业案例实训"可以帮助读者快速地掌握商业案例的设计元素和创意设计理念，顺利达到实战水平。

随书附赠学习资源，包括书中案例的素材文件、效果文件和在线教学视频，以及扩展资料。另外，还提供教师资源，包括教学大纲、教学教案、PPT 课件及教学题库。

本书适合作为相关院校和培训机构艺术专业课程的教材，也可作为 Photoshop 自学人员的参考书。

◆ 编　　著　数字艺术教育研究室

　　责任编辑　张丹丹

　　责任印制　陈　犇

◆ 人民邮电出版社出版发行　　北京市丰台区成寿寺路 11 号

　　邮编　100164　电子邮件　315@ptpress.com.cn

　　网址　https://www.ptpress.com.cn

　　三河市中晟雅豪印务有限公司印刷

◆ 开本：787×1092　1/16

　　印张：15　　　　　　　　　　2025 年 7 月第 1 版

　　字数：375 千字　　　　　　　2025 年 7 月河北第 1 次印刷

定价：49.80 元

读者服务热线：(010)81055410　印装质量热线：(010)81055316
反盗版热线：(010)81055315

前　言

软件简介

　　Adobe Photoshop简称"PS"，是一款专业的数字图像处理软件，深受创意设计人员和图像处理爱好者的喜爱。Photoshop拥有强大的绘图和编辑工具，可以对图像、图形、文字、视频等进行编辑。通过Photoshop的抠图、修图、调色、合成、特效等核心功能，可以制作出精美的数字图像作品。

如何使用本书

01 　　**精选基础知识，快速上手 Photoshop**

位图
矢量图

菜单栏
属性栏
工作界面
工具箱
面板
图像窗口
上下文任务栏
状态栏

图1-13

"打开"对话框

"新建文档"对话框

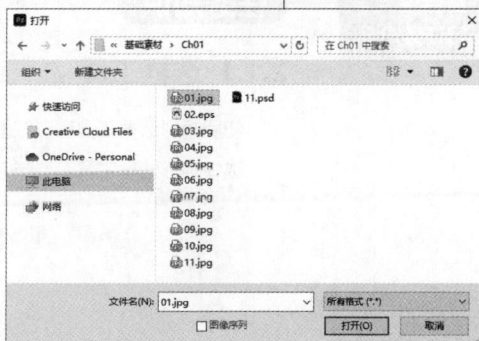

任务2.1 掌握选区的绘制

通过对任务实践的学习，读者可以掌握不同选区工具在实践操作中的应用。通过对任务知识的学习，读者可以掌握不同选区工具的使用技巧和选区的绘制方法。

任务实践 制作家居装饰类电商Banner

了解任务目标和任务要点

任务目标 学习使用不同的选区工具选择不同外形的装饰摆件。

任务要点 使用椭圆选框工具和矩形选框工具抠取时钟图像和画框图像，使用磁性套索工具和"从选区减去"按钮抠取绿植图像，使用移动工具合成图像。最终效果参看学习资源中的"Ch02\效果\制作家居装饰类电商Banner.psd"，如图2-1所示。

精选典型商业案例

图2-1

任务操作步骤详解

任务操作

01 按Ctrl+O快捷键，打开本书学习资源中的"Ch02\素材\制作家居装饰类电商Banner\01、02"文件，如图2-2和图2-3所示。

图2-2

图2-3

完成任务实践后深入学习任务知识

任务知识

2.1.1 选框工具

使用矩形选框工具可以在图像中绘制矩形选区。

选择矩形选框工具，或反复按Shift+M快捷键切换到该工具，其属性栏如图2-23所示。

图2-23

03 项目实践＋课后习题，拓展应用能力

练习项目所学
知识

项目实践 制作传统糕点宣传Banner

项目要点 使用对象选择工具和快速选择工具抠出糕点图像，使用椭圆选框工具和"羽化"命令制作投影，使用移动工具添加图片和文字。最终效果参看学习资源中的"Ch02\效果\制作传统糕点宣传Banner.psd"，如图2-84所示。

图2-84

巩固本项目所
学知识

课后习题 制作旅游公众号首图

习题要点 使用"天空替换"命令替换天空，使用移动工具合成图像。最终效果参看学习资源中的"Ch02\效果\制作旅游公众号首图.psd"，如图2-85所示。

图2-85

04 商业案例实训，演练真实商业项目制作过程

Banner 设计

海报设计

包装设计

网页设计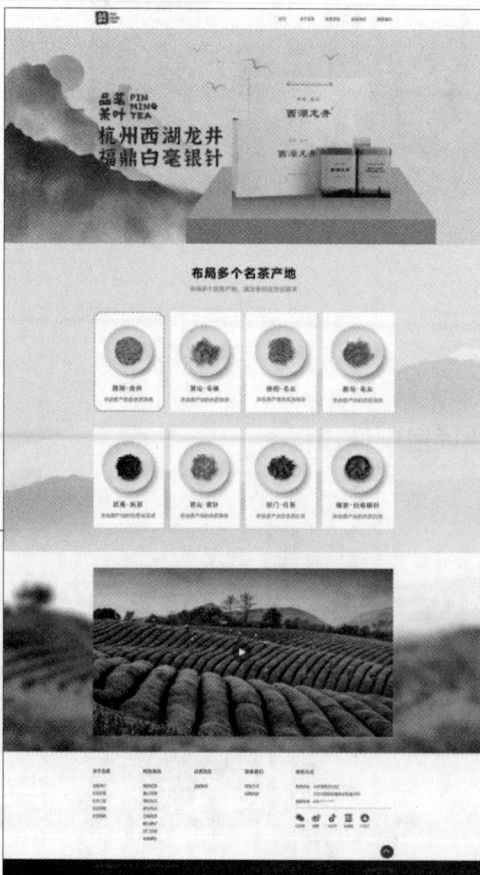

App 界面设计

教学指导

本书的参考学时为60学时，其中实践环节为32学时，各项目的参考学时参见下表。

项目	课程内容	学时分配	
		讲授	实践
项目 1	软件和图像基础应用	2	2
项目 2	绘制和编辑选区	2	2
项目 3	绘制图像	2	2
项目 4	修饰图像	2	2
项目 5	绘制图形及路径	2	2
项目 6	调整图像的色彩和色调	2	2
项目 7	图层的应用	2	2
项目 8	应用文字	2	2
项目 9	通道与蒙版	2	2
项目 10	滤镜效果	2	2
项目 11	商业案例实训	8	12
学 时 总 计		28	32

配套资源

● 学习资源

| 案例素材文件 | 最终效果文件 | 在线教学视频 | 基础素材 | 扩展资料 |

● 教师资源

| 课程标准 | 授课计划 | 教学教案 | 教学 PPT |

| 教学案例 | 实训项目 | 教学视频 | 教学题库 |

教辅资源表

素材类型	数量	素材类型	数量
教学大纲	1 套	任务实践	30 个
电子教案	11 个	项目实践	19 个
PPT 课件	11 个	课后习题	19 个

这些学习资源文件均可在线获取，扫描"资源获取"二维码，关注我们的微信公众号，即可得到资源文件获取方式，并且可以通过该方式获得"在线教学视频"的观看地址。

提示：微信扫描二维码关注公众号后，输入51页左下角的5位数字，获得资源获取帮助。

由于作者水平有限，书中难免存在不妥之处，敬请广大读者批评、指正。

资源获取

目 录

项目11 商业案例实训

项目 1

软件和图像基础应用

本项目主要介绍软件和图像的基础应用。通过学习本项目内容，读者可以了解图像的基础知识，学会新建、打开、保存和关闭文件等基础操作，并掌握对图像进行选择、移动、复制、变换等调整操作的方法和常用工具的使用方法。

学习目标

- 掌握软件的基础操作。
- 熟悉图像的操作技巧。
- 掌握常用工具的使用方法。

技能目标

- 掌握文件的基本操作方法。
- 熟悉图像的基本操作方法。
- 掌握处理图像的技巧。

素养目标

- 培养准确观察和分析图像的能力。
- 培养合理应用软件功能的能力。
- 培养有效调整图像的能力。

任务1.1 掌握软件基本操作

通过对任务实践的学习，读者可以了解文件的基本操作。通过对任务知识的学习，读者可以熟悉软件工作界面，并掌握相关操作方法与技巧。

任务实践 掌握文件的基本操作

任务目标 学习使用"新建""打开""存储""关闭"命令对文件进行基本操作。

任务要点 使用"新建"命令新建文件，使用"打开"命令打开文件，使用移动工具添加图像，使用快捷键保存文件，使用按钮关闭文件。最终效果参看学习资源中的"Ch01\效果\掌握文件的基本操作.psd"，如图1-1所示。

图1-1

任务操作

01 打开Photoshop。按Ctrl+N快捷键，弹出"新建文档"对话框，设置宽度为900像素，高度为383像素，分辨率为72像素/英寸，颜色模式为RGB颜色，背景内容为白色，如图1-2所示，单击"创建"按钮，新建一个文件，如图1-3所示。

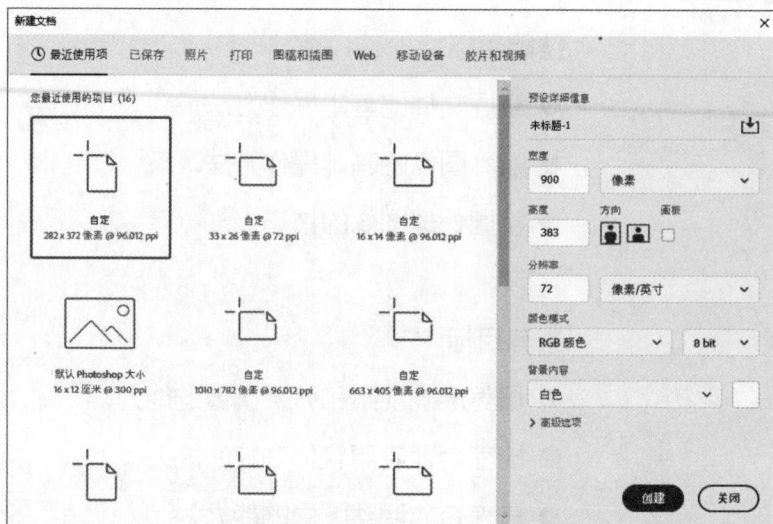

图1-2

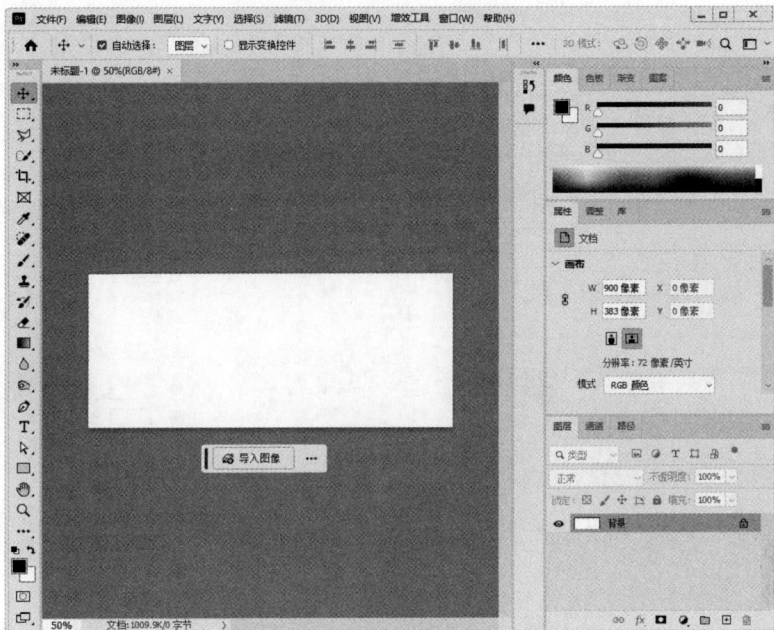

图1-3

02 按Ctrl+O快捷键，弹出"打开"对话框，如图1-4所示。选择本书学习资源中的"Ch01\素材\掌握文件的基本操作\01"文件，单击"打开"按钮，打开图像，如图1-5所示。

图1-4

图1-5

03 选择移动工具 ，将"01"图片拖曳到新建的图像窗口中适当的位置，如图1-6所示。"图层"面板中生成新的图层，将其重命名为"云"，如图1-7所示。

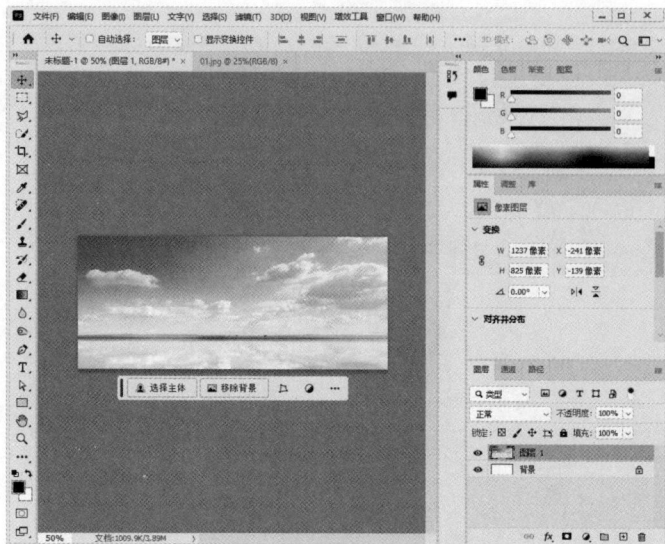
图1-6

图1-7

04 按Ctrl+O快捷键，打开本书学习资源中的"Ch01\素材\掌握文件的基本操作\02、03"文件。选择移动工具 ⊕，将"02"和"03"图片分别拖曳到新建的图像窗口中，如图1-8所示。"图层"面板中生成两个新的图层，将它们分别重命名为"山"和"人物"，如图1-9所示。

图1-8

图1-9

05 在图像窗口中，将人物图像向下拖曳到适当的位置，效果如图1-10所示。按Ctrl+O快捷键，打开本书学习资源中的"Ch01\素材\掌握文件的基本操作\04、05"文件。选择移动工具 ⊕，将"04"和"05"图片分别拖曳到新建的图像窗口中，如图1-11所示。"图层"面板中生成两个新的图层，将它们分别重命名为"形状"和"文字"。

图1-10

图1-11

06 按Ctrl+S快捷键，弹出"存储为"对话框，在其中选择文件存储的位置并设置文件名，如图1-12所示。单击"保存"按钮，弹出提示对话框，单击"确定"按钮，保存文件。单击文件标题栏中的 ❌ 按钮，关闭文件。

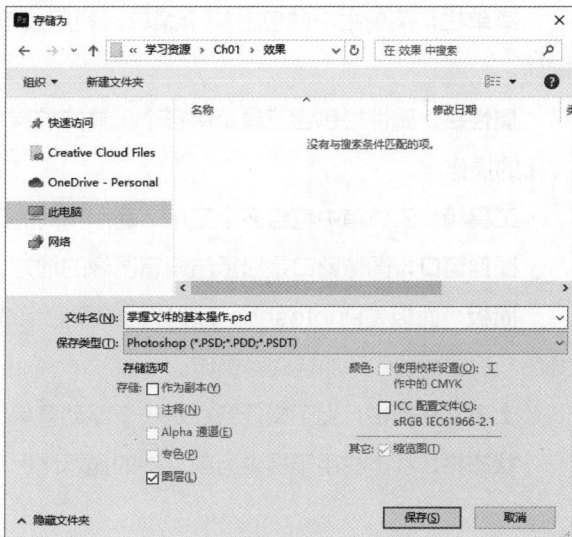

图1-12

任务知识

1.1.1 工作界面

熟悉工作界面是学习Photoshop的基础。Photoshop的工作界面主要由菜单栏、属性栏、工具箱、图像窗口、面板、上下文任务栏和状态栏组成，如图1-13所示。

图1-13

菜单栏： 菜单栏中共包含12个菜单。利用菜单命令可以完成编辑图像、调整色彩和添加滤镜效果等操作。

属性栏： 属性栏包含工具箱中各个工具的扩展功能。在属性栏中设置工具的选项，可以快速地完成多样化的操作。

工具箱： 工具箱中包含多个工具。利用不同的工具可以完成图像的绘制、观察和测量等操作。

图像窗口： 图像窗口是显示与编辑图像的地方。

面板： 面板是Photoshop工作界面的重要组成部分。通过不同的功能面板，可以完成在图像中填充颜色、设置图层和添加样式等操作。

上下文任务栏： 上下文任务栏是一个浮动菜单，用于显示工作流程中最相关的后续操作。

状态栏： 状态栏用于提供当前文件的显示比例及文档尺寸等提示信息。

1.1.2 新建文件

新建文件是使用Photoshop进行设计的第一步。如果要在一个空白的图像上绘图，就要在Photoshop中新建一个图像文件。

选择"文件 > 新建"命令，或按Ctrl+N快捷键，会弹出"新建文档"对话框，如图1-14所示。

可以根据需要单击上方的类别选项卡，选择需要的预设新建文件；或在右侧修改文件的名称、宽度、高度、分辨率、颜色模式等参数新建文件，单击文件名称右侧的按钮可新建预设。设置完成后单击"创建"按钮，新建文件，如图1-15所示。

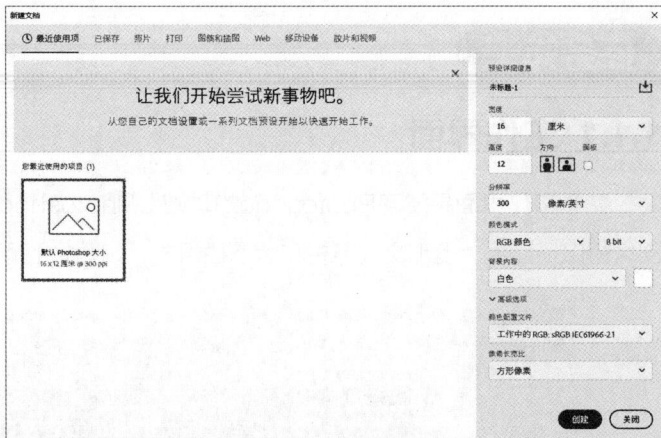

图1-14

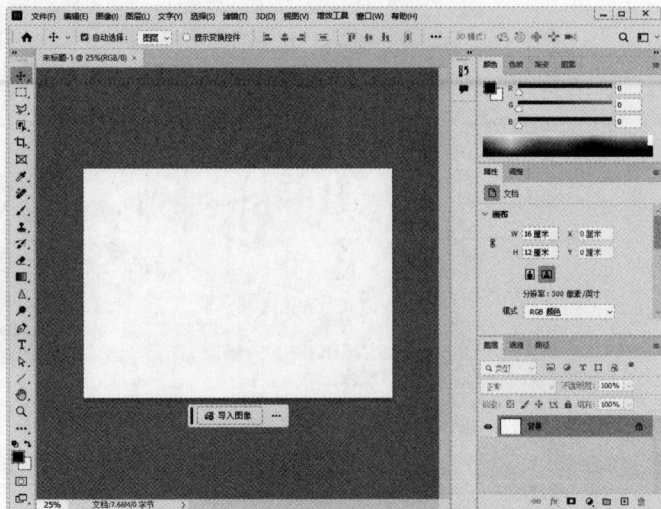

图1-15

1.1.3 打开文件

如果要用Photoshop对图像文件进行处理，就要在Photoshop中将其打开。

选择"文件 > 打开"命令，或按Ctrl+O快捷键，会弹出"打开"对话框，在对话框中找到图像文件，确认文件类型和名称，如图1-16所示，单击"打开"按钮，或直接双击文件，即可打开选定的图像文件，如图1-17所示。

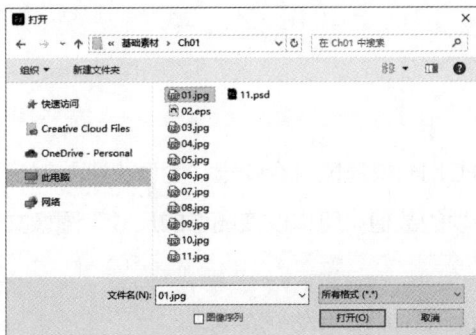

图1-16

图1-17

提示 若需一次性打开多个文件，只要在"打开"对话框中将所需的几个文件选中，再单击"打开"按钮即可。在"打开"对话框中选择文件时，按住Ctrl键的同时单击不同文件，可以选择不连续的多个文件；按住Shift键的同时单击两个文件，可以选择这两个文件及它们之间的所有文件。

1.1.4 保存文件

处理完图像后，就需要将文件保存，以便下次打开继续操作。

选择"文件 > 存储"命令，或按Ctrl+S快捷键，可以存储文件。当对设计好的作品进行第一次存储时，选择"文件 > 存储"命令，将弹出"存储为"对话框，如图1-18所示。在对话框中输入文件名，选择文件格式后，单击"保存"按钮，即可将文件保存。

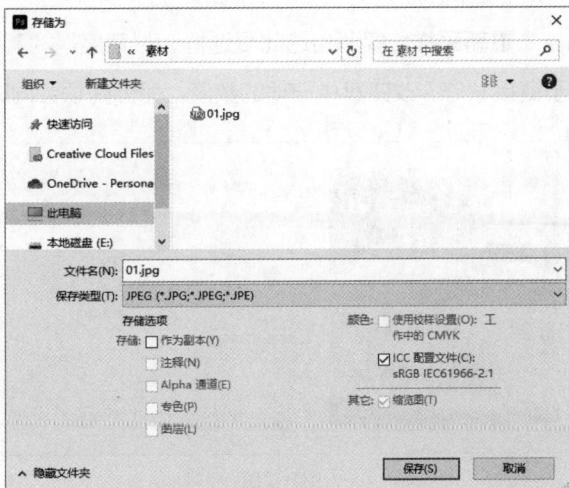

图1-18

提示 对已经存储过的图像文件进行各种编辑操作后，选择"存储"命令，不会弹出"存储为"对话框，计算机将直接保存最终确认的结果，并覆盖原始文件。

1.1.5 关闭文件

存储文件后，可以将其关闭。选择"文件 > 关闭"命令，或按Ctrl+W快捷键，可以关闭文件。关闭文件时，若当前文件被修改过或是新建的文件，则会弹出提示对话框，如图1-19所示，单击"是"按钮即可存储并关闭文件。

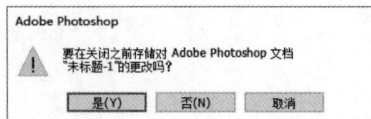

图1-19

1.1.6 图像尺寸和画布尺寸的调整

1. 图像尺寸的调整

打开一幅图像。选择"图像 > 图像大小"命令，或按Alt+Ctrl+I快捷键，会弹出"图像大小"对话框，如图1-20所示。通过改变"宽度""高度""分辨率"选项的数值，可以改变图像的尺寸，图像文件的大小也会相应改变。

： 单击该按钮，若在图像操作中添加了图层样式，可以在调整大小时自动缩放样式。

尺寸： 指图像的宽度和高度的总像素数。单击"尺寸"右侧的 按钮，可以改变计量单位。

调整为： 用于选取预设以调整图像大小。

约束比例 ： 勾选"重新采样"复选框后，"宽度"和"高度"选项左侧会出现 图标，表示二者处于链接状态，改变其中一项的数值，另一项会同时成比例地改变。

分辨率： 位图中的细节精细度，计量单位一般选用像素/英寸（ppi），每英寸图像包含的像素越多，分辨率越高。

重新采样： 取消勾选此复选框，"宽度""高度""分辨率"选项的左侧会出现 图标，表示它们处于链接状态，改变其中一项的数值，另外两项会同时改变，如图1-21所示。

图1-20

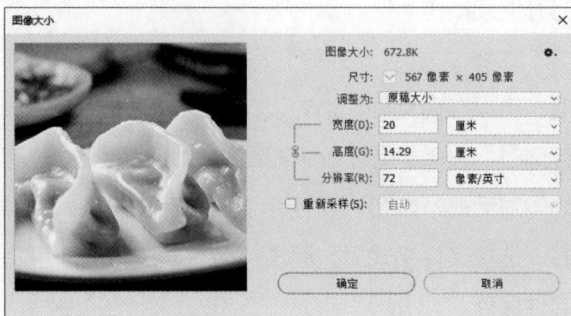

图1-21

在"图像大小"对话框中，如果要改变数值的计量单位，可在下拉列表中选择，如图1-22所示。在"调整为"下拉列表中选择"自动分辨率"选项，会弹出"自动分辨率"对话框，如图1-23所示，进行调整并单击"确定"按钮后，系统将自动调整图像的分辨率和品质效果。

图1-22

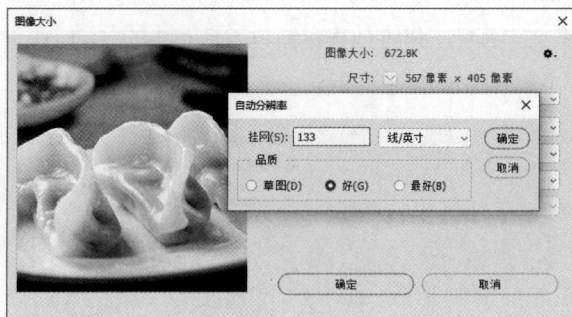

图1-23

2. 画布尺寸的调整

画布尺寸是指当前图像的工作空间的大小。选择"图像 > 画布大小"命令，会弹出"画布大小"对话框，如图1-24所示。

当前大小：显示当前文件的大小和画布尺寸。

新建大小：用于重新设置画布的尺寸。

定位：用于调整图像在新画布中的位置，可偏左、居中或在右上角等，如图1-25所示。

画布扩展颜色：在此下拉列表中可以选择画布扩展部分的颜色，可以选择前景色、背景色或Photoshop中的默认颜色，也可以自己设置所需颜色。

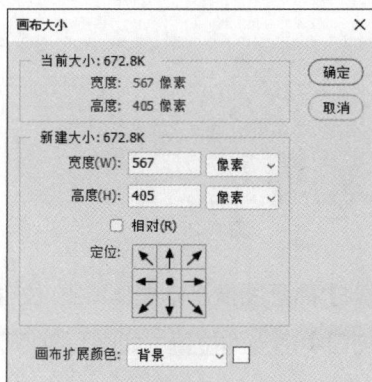

图1-24

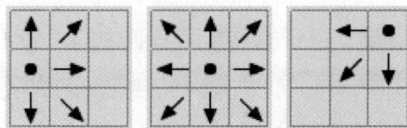

图1-25

任务1.2 熟悉图像操作技巧

通过对任务实践的学习，读者可以了解图像基本操作在实践操作中的应用。通过对任务知识的学习，读者可以掌握图像的基础知识和基本操作。

任务实践　熟悉图像基本操作

任务目标　学习使用移动工具和变换快捷键来选择和移动图像。

任务要点　使用移动工具合成图像，使用快捷键变换图像，使用上下文任务栏翻转图像，使用快捷键填充文字颜色。最终效果参看学习资源中的"Ch01\效果\熟悉图像基本操作.psd"，如图1-26所示。

图1-26

任务操作

01　按Ctrl+N快捷键，弹出"新建文档"对话框，设置宽度为900像素，高度为383像素，分辨率为72像素/英寸，颜色模式为RGB颜色，背景内容为蛋壳黄色（255、213、160），单击"创建"按钮，新建一个文件。

02　按Ctrl＋O快捷键，打开本书学习资源中的"Ch01\素材\熟悉图像基本操作\01"文件，如图1-27所示。选择移动工具⊕，将"01"图片拖曳到新建的图像窗口中适当的位置，如图1-28所示。"图层"面板中生成新的图层，将其重命名为"饺子"。

图1-27　　　　　　　　　　　　　　　　图1-28

03　按Ctrl＋O快捷键，打开本书学习资源中的"Ch01\素材\熟悉图像基本操作\02"文件，如图1-29所示。选择移动工具⊕，将"02"图片拖曳到新建的图像窗口中适当的位置，如图1-30所示。"图层"面板中生成新的图层，将其重命名为"擀面杖"。

图1-29　　　　　　　　　　　　　　　　图1-30

04 按Ctrl+T快捷键，图像周围出现变换框。将鼠标指针放在变换框右下角，鼠标指针变为↲形状时，拖曳鼠标将图像旋转到适当的角度，如图1-31所示。按Enter键确定操作，效果如图1-32所示。

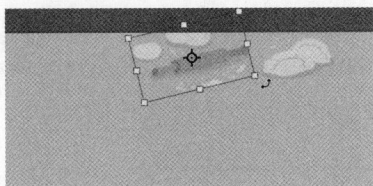
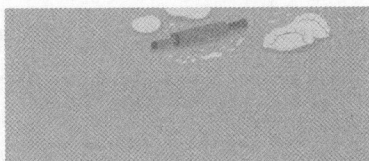

图1-31　　　　　　　　　　　　　　图1-32

05 按Ctrl＋O快捷键，打开本书学习资源中的"Ch01\素材\熟悉图像基本操作\03"文件，如图1-33所示。选择移动工具 ⊕，将"03"图片拖曳到新建的图像窗口中，如图1-34所示。"图层"面板中生成新的图层，将其重命名为"包饺子"。

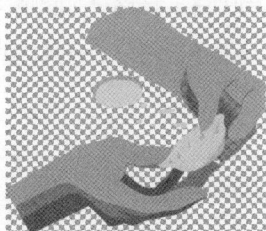
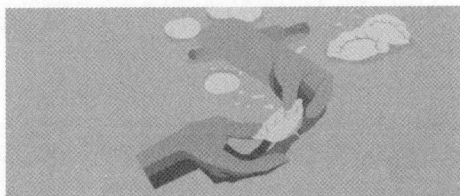

图1-33　　　　　　　　　　　　　　图1-34

06 按Ctrl+T快捷键，图像周围出现变换框。分别单击上下文任务栏中的"水平翻转"按钮 ◁▷ 和"垂直翻转"按钮 ⩎，如图1-35所示。单击"完成"按钮，效果如图1-36所示。

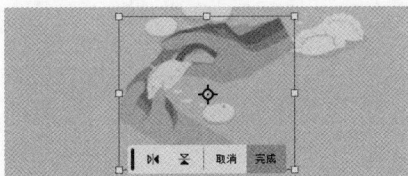
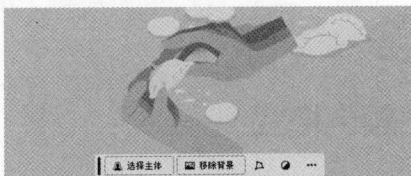

图1-35　　　　　　　　　　　　　　图1-36

07 选择移动工具 ⊕，在图像窗口中将图像拖曳到适当的位置，如图1-37所示。按Ctrl＋O快捷键，打开本书学习资源中的"Ch01\素材\熟悉图像基本操作\04"文件。将"04"图片拖曳到新建的图像窗口中适当的位置，如图1-38所示。"图层"面板中生成新的图层，将其重命名为"面"。

08 按住Alt键的同时，在图像窗口中将图像拖曳到适当的位置，复制图像，如图1-39所示。"图层"面板中生成新的图层"面 拷贝"。

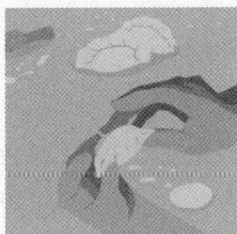
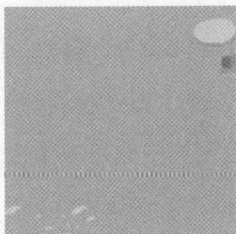
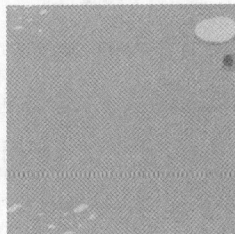

图1-37　　　　　　　　图1-38　　　　　　　　图1-39

09 按Ctrl + O快捷键，打开本书学习资源中的"Ch01\素材\熟悉图像基本操作\05"文件。选择移动工具 ，将"05"图片拖曳到新建的图像窗口中适当的位置，如图1-40所示。"图层"面板中生成新的图层，将其重命名为"文字"。

10 按住Alt键的同时，在图像窗口中将文字拖曳到适当的位置，复制文字，如图1-41所示。"图层"面板中生成新的图层"文字 拷贝"，将其拖曳到"文字"图层的下方。

图1-40

图1-41

11 按住Ctrl键的同时，单击"文字 拷贝"图层的缩览图，图像周围生成选区，如图1-42所示。将前景色设为浅棕色（253、235、206），按Alt+Delete快捷键，填充前景色。按Ctrl+D快捷键，取消选区，效果如图1-43所示。

图1-42

图1-43

任务知识

1.2.1 图像颜色模式

Photoshop提供了多种颜色模式，这些颜色模式是作品能够在屏幕和印刷品上成功表现的重要保障。在这些颜色模式中，经常使用到的有CMYK模式、RGB模式和灰度模式，另外还有索引模式、Lab模式、HSB模式、位图模式、双色调模式和多通道模式等。每种颜色模式都有不同的色域，并且大多数模式之间可以相互转换。下面将介绍经常使用的颜色模式。

1. CMYK模式

CMYK代表了印刷上用的4种油墨颜色：C代表青色，M代表洋红色，Y代表黄色，K代表黑色。CMYK模式的"颜色"面板如图1-44所示。

CMYK模式应用了色彩学中的减法混色原理，因此又被称为减色模式，是编辑印刷作品时较常用的一种颜色模式。

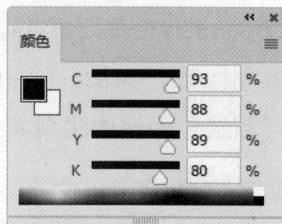
图1-44

2. RGB模式

与CMYK模式不同，RGB模式是一种加色模式，通过红色（R）、绿色（G）、蓝色（B）3种色光相叠加来形成更多的颜色。RGB模式的"颜色"面板如图1-45所示。

一幅24位的RGB图像有3个颜色信息的通道：红、绿和蓝。每个通道都有8位的色彩信息，即一个0~255的亮度值色域。也就是说，每一种色彩都有256（即2^8）个亮度水平级。3种色彩相叠加，可以有256×256×256=16777216种可能的颜色，这么多种颜色足以表现出绚丽多彩的世界。

在Photoshop中编辑图像时，建议选择RGB模式。

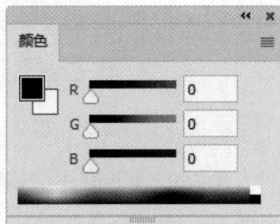

图1-45

3. 灰度模式

在灰度模式下，图像中的每个像素用8位二进制数表示，能产生2^8（即256）级灰色调，因此灰度图像又被称为8位深度图。当一个彩色文件被转换为灰度模式文件时，所有的色彩信息都将从文件中丢失。尽管Photoshop允许将一个灰度模式的文件转换为彩色模式文件，但不可能将原来的颜色完全还原。所以，当要把图像从彩色模式转换为灰度模式时，应先做好图像的备份。

与黑白照片一样，灰度模式的图像只有明暗值，没有色相和饱和度这两种颜色信息。灰度模式的"颜色"面板如图1-46所示，其中的K值用于衡量黑色油墨用量，0%代表白色，100%代表黑色。

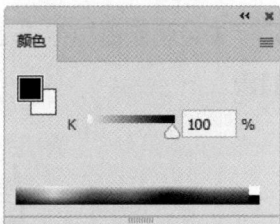

图1-46

> **提示**　将图像从彩色模式转换为双色调模式或位图模式时，必须先将其转换为灰度模式，然后由灰度模式转换为双色调模式或位图模式。

1.2.2 位图和矢量图

1. 位图

位图也叫点阵图，是由许多独立的小方块组成的，这些小方块被称为像素。每个像素都有特定的位置和颜色值，位图的显示效果与像素的排列方式和颜色是紧密相关的，不同颜色的像素组合在一起构成了一幅色彩丰富的图像。单位尺寸内像素越多，图像的分辨率越高，显示效果越好，但图像文件的体积也会越大。

一幅位图的原始效果如图1-47所示，使用放大工具将其放大到一定程度后，可以清晰地看到像素，效果如图1-48所示。

图1-47

图1-48

位图的清晰度与分辨率有关，如果在屏幕上以较大的倍数放大显示图像，或以低于创建时的分辨率打印图像，图像就会出现锯齿状的边缘。

2. 矢量图

矢量图是以数学的方式来记录图像内容的。矢量图中的各种图形元素被称为对象，每一个对象都是独立的个体，都具有大小、颜色、形状和轮廓等属性。

矢量图的清晰度与分辨率无关，可以将它设置成任意大小，图形的清晰度不变，也不会出现锯齿状的边缘。在任何分辨率下显示或打印矢量图，都不会损失细节。一幅矢量图的原始效果如图1-49所示，使用放大工具将其放大后，其清晰度不变，效果如图1-50所示。

矢量图所占的存储空间较小，其缺点是画面色调不如位图丰富，无法用来精确地描绘各种绚丽的景象。

图1-49

图1-50

1.2.3 图像分辨率

在Photoshop中，图像分辨率是指图像中单位尺寸的像素数目，其单位为像素/英寸或像素/厘米（1英寸=2.54厘米）。

在相同尺寸的两幅图像中，高分辨率的图像包含的像素比低分辨率的图像包含的像素多。例如，一幅尺寸为1英寸×1英寸的图像，其分辨率为72像素/英寸，这幅图像包含5184（72×72＝5184）个像素，分辨率为10像素/英寸的图像包含100个像素。在相同尺寸下，分辨率为72像素/英寸的图像效果如图1-51所示，分辨率为10像素/英寸的图像效果如图1-52所示。由此可见，在相同尺寸下，高分辨率的图像能更清晰地表现画面内容。

图1-51

图1-52

1.2.4 图像的显示效果

使用Photoshop编辑和处理图像时，可以改变图像的显示比例及多个图像窗口的排列方式，使工作更便捷、高效。

1. 100%显示图像

100%显示图像的效果如图1-53所示，在此状态下可以对图像进行精确编辑。

图1-53

2. 放大显示图像

选择缩放工具，图像窗口中的鼠标指针变为放大工具图标，每单击一次，图像就会放大一级显示。当图像以100%的比例显示时，在图像窗口中单击，图像会以200%的比例显示，效果如图1-54所示。

当要放大一个指定的区域时，在该区域按住鼠标左键不放，选中的区域会持续放大显示，放大到需要的大小后松开鼠标左键即可。在属性栏中取消勾选"细微缩放"复选框，在图像上框选出矩形区域，如图1-55所示，松开鼠标左键，选中的区域将放大，效果如图1-56所示。

按Ctrl++快捷键，可逐级放大图像。例如，从100%的显示比例放大到200%、300%和400%等。

图1-54

图1-55

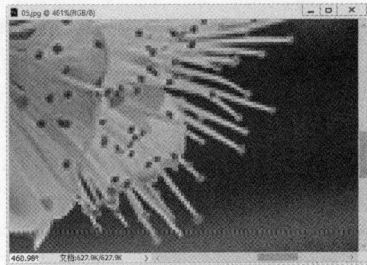

图1-56

3. 缩小显示图像

缩小显示图像一方面可以用有限的屏幕空间显示出更多的图像，另一方面可以看到一个较大图像的全貌。

选择缩放工具，图像窗口中的鼠标指针变为放大工具图标，按住Alt键不放，或在缩放工具的属性栏中单击"缩小工具"按钮，

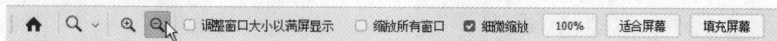

图1-57

如图1-57所示，鼠标指针变为缩小工具图标，如图1-58所示。每单击一次，图像将缩小一级显示，效果如图1-59所示。按Ctrl+ - 快捷键，可逐级缩小图像。

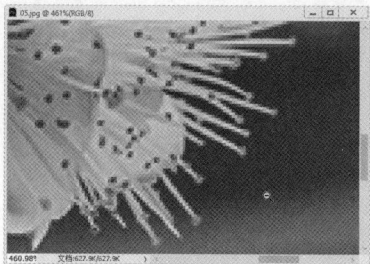

图1-58　　　　　　　　　　　图1-59

4. 全屏显示图像

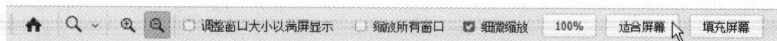

图1-60

若要将图像填满整个窗口，可以在缩放工具的属性栏中单击"适合屏幕"按钮，如图1-60所示。勾选"调整窗口大小以满屏显示"复选框，并将窗口拖曳出来，在缩放图像时图像就会和窗口尺寸相适应，效果如图1-61所示。单击"100%"按钮，图像将以实际像素比例显示。单击"填充屏幕"按钮，系统将以宽度和高度中数值较小的那个为准将图像缩放至填满整个窗口。

图1-61

5. 排列图像窗口

当打开多个图像文件时，会出现多个图像窗口，为避免界面混乱，就需要对这些窗口进行布置和摆放。

同时打开多个图像文件，如图1-62所示。按Tab键，可以隐藏工作界面中的工具箱和面板，如图1-63所示。

选择"窗口 > 排列 > 全部垂直拼贴"命令，图像窗口的排列效果如图1-64所示。选择"窗口 > 排列 > 全部水平拼贴"命令，图像窗口的排列效果如图1-65所示。用相同的方法可以选择其他排列方式。

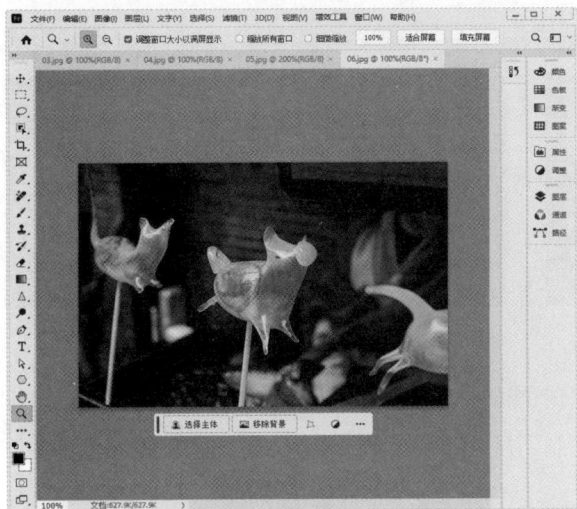

图1-62

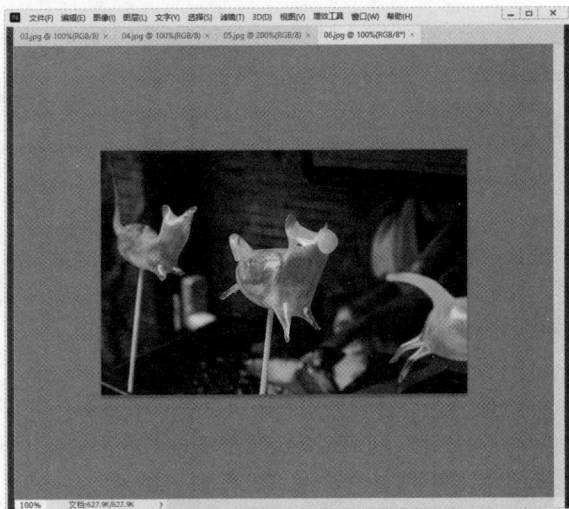

图1-63

图1-64

图1-65

6. 观察放大图像

选择抓手工具 🖐，文档窗口中的鼠标指针变为 🖐，如图1-66所示，按住鼠标左键拖曳图像，可以观察图像的每个部分。直接按住鼠标左键拖曳图像周围的垂直滚动条和水平滚动条，如图1-67所示，也可观察图像的每个部分。如果正在使用其他的工具进行工作，按住Space（空格）键可以快速切换到抓手工具 🖐。

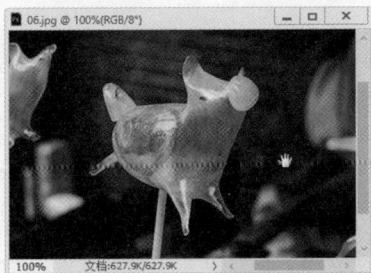

图1-66

图1-67

1.2.5 图像的选择和移动

在Photoshop中，可以非常便捷地选择和移动图像。

打开一幅图像。选择矩形选框工具 ，为图像中要移动的区域绘制选区，如图1-68所示。选择移动工具 ，将鼠标指针放在选区中，鼠标指针变为 形状，如图1-69所示。拖曳选区到适当的位置，可以移动选区内的图像，原来的选区位置被背景色填充，效果如图1-70所示。

图1-68　　　　　　　　图1-69　　　　　　　　图1-70

再打开一幅图像。将选区中的相框图片拖曳到打开的图像中，松开鼠标左键前，鼠标指针为 形状，如图1-71所示，松开鼠标左键，选区中的相框图片被复制到打开的图像窗口中，效果如图1-72所示。

 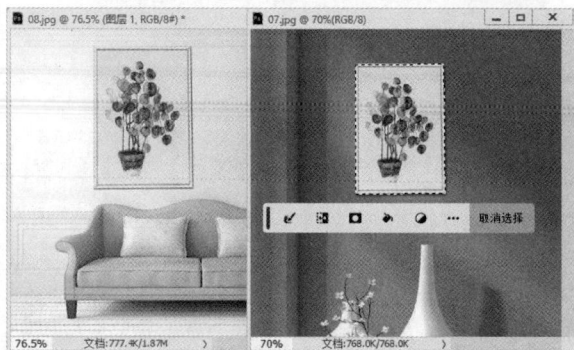

图1-71　　　　　　　　　　　　　　　　图1-72

1.2.6 图像的复制和删除

1. 图像的复制

打开一幅图像。选择矩形选框工具 ，在图像窗口中绘制出需要复制的图像区域，如图1-73所示。选择移动工具 ，将鼠标指针放在选区中，鼠标指针变为 形状，如图1-74所示。

按住Alt键不放，鼠标指针变为 形状，如图1-75所示。拖曳选区中的图像到适当的位置，松开鼠标左键和Alt键，图像复制完成，效果如图1-76所示。

图1-73　　　　　　　图1-74　　　　　　　图1-75　　　　　　　图1-76

选择"编辑 > 拷贝"命令，或按Ctrl+C快捷键，会将选区中的图像复制到剪贴板中，这时屏幕上的图像并没有变化。选择"编辑 > 粘贴"命令，或按Ctrl+V快捷键，将剪贴板中的图像粘贴在新图层中，复制的图像在原图像的上方。

> **提示** 在复制图像前，需要选择将要复制的图像区域。

2. 图像的删除

在删除图像前，需要选择要删除的图像区域。如果不选择图像区域，将不能删除图像。

在要删除的图像上绘制选区，如图1-77所示。选择"编辑 > 清除"命令，可将选区中的图像删除。按Ctrl+D快捷键，可取消选区，效果如图1-78所示。

> **提示** 删除选区内的图像后，这个选区会由背景色填充。如果是在某一图层中删除选区内的图像，这个选区将显示下面一层的图像。

图1-77　　　　　图1-78

1.2.7　图像的裁切和变换

1. 图像的裁切

若图像中含有大面积的纯色区域或透明区域，可以应用"裁切"命令将其清除。

打开一幅图像，如图1-79所示。选择"图像 > 裁切"命令，会弹出"裁切"对话框，具体设置如图1-80所示，单击"确定"按钮，效果如图1-81所示。

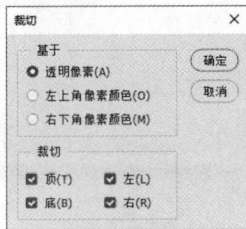
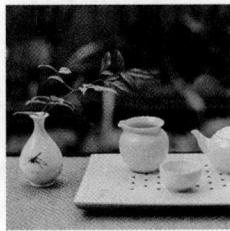

图1-79　　　　　　图1-80　　　　　　图1-81

透明像素：若要裁切的区域是透明的，则选择此选项。左上角像素颜色：根据图像左上角的像素颜色来确定裁切的颜色范围。右下角像素颜色：根据图像右下角的像素颜色来确定裁切的颜色范围。裁切：用于设置裁切范围。

2. 图像的变换

"图像 > 图像旋转"子菜单如图1-82所示。打开一张图片，应用不同的变换命令后，图像的变换效果如图1-83所示。

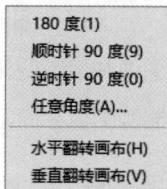

图1-82

| 原图像 | 180度 | 顺时针90度 |

| 逆时针90度 | 水平翻转画布 | 垂直翻转画布 |

图1-83

在图1-83所示的原图像的基础上，选择"任意角度"命令，会弹出"旋转画布"对话框，具体设置如图1-84所示。单击"确定"按钮，图像的旋转效果如图1-85所示。

"编辑 > 变换"子菜单如图1-86所示，应用不同的变换命令，也可以变换图像。

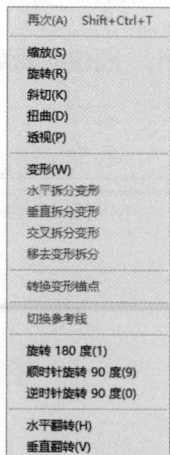

图1-84　　　　　　　　图1-85　　　　　　　　图1-86

任务1.3　掌握常用工具的使用

通过对任务实践的学习，读者可以了解常用工具在实践操作中的应用。通过对任务知识的学习，读者可以掌握不同工具的使用方法。

任务实践　掌握图像处理技巧

任务目标　学习使用常用工具处理图像。

任务要点　使用"图层"面板新建、重命名图层，使用快捷键复制图层组，使用矩形选框工具、填充快捷键和取消选区快捷键绘制底图，使用移动工具和复制操作复制图像，使用橡皮擦工具擦除不需要的图像。最终效果参看学习资源中的"Ch01\效果\掌握图像处理技巧.psd"，如图1-87所示。

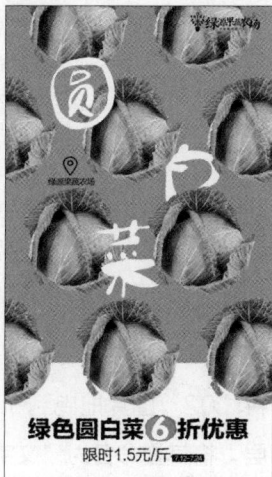

图1-87

任务操作

01 按Ctrl+N快捷键，弹出"新建文档"对话框，设置宽度为1242像素，高度为2208像素，分辨率为72像素/英寸，颜色模式为RGB颜色，背景内容为白色，单击"创建"按钮，新建一个文件。

02 单击"图层"面板下方的"创建新图层"按钮 回，新建图层并将其命名为"底图"。将前景色设为草绿色（155、195、80），选择矩形选框工具 回，在图像窗口中拖曳鼠标绘制选区，如图1-88所示。按Alt+Delete快捷键，用前景色填充选区。按Ctrl+D快捷键，取消选区，效果如图1-89所示。

03 按Ctrl+O快捷键，打开本书学习资源中的"Ch01\素材\掌握图像处理技巧\01"文件。选择移动工具 ⊕，将"01"图片拖曳到新建的图像窗口中适当的位置，效果如图1-90所示。"图层"面板中生成新的图层，将其重命名为"圆白菜"。

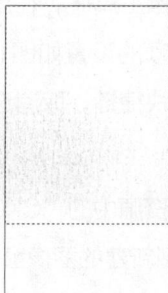

图1-88

图1-89

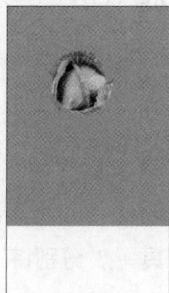

图1-90

04 按住Alt+Shift快捷键的同时，使用移动工具 ⊕ 水平向左拖曳圆白菜图像到适当的位置，复制图像，"图层"面板中生成新的图层"圆白菜 拷贝"，图像效果如图1-91所示。使用相同的方法继续复制圆白菜图像，效果如图1-92所示。

05 按住Shift键的同时，单击"圆白菜"图层，将需要的图层同时选取，按Ctrl+G快捷键，群组图层。按Ctrl+J快捷键，复制图层组。按Ctrl+T快捷键，图像周围出现变换框，按住Shift键的同时，将其垂直向下拖曳到适当的位置，按Enter键确定操作，效果如图1-93所示。使用相同的方法复制其他图层组，并调整图像位置，效果如图1-94所示。

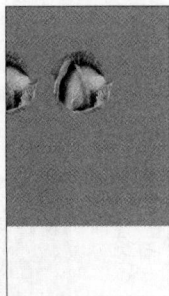
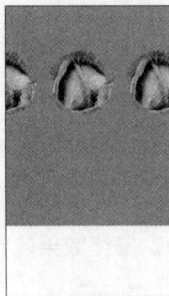
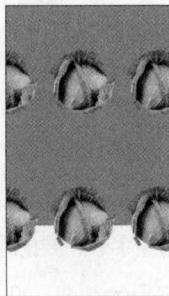
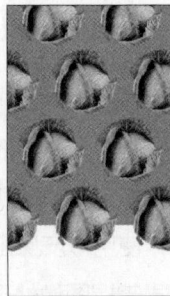

图1-91　　　　　　图1-92　　　　　　图1-93　　　　　　图1-94

06 按Ctrl+O快捷键，打开本书学习资源中的"Ch01\素材\掌握图像处理技巧\02"文件。选择移动工具 ⊕，将"02"图片拖曳到新建的图像窗口中适当的位置，效果如图1-95所示。"图层"面板中生成新的图层，将其重命名为"文字 1"。

07 选择移动工具 ⊕，将鼠标指针放在需要移动的图像上，如图1-96所示，单击"图层"面板会自动定位到该图层。按住Ctrl键的同时，单击该图层的缩览图，图像周围生成选区，如图1-97所示。

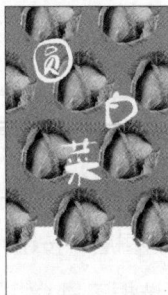
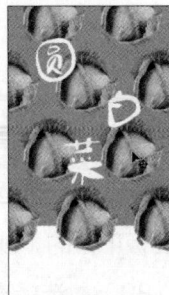
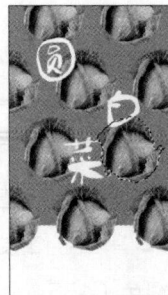

图1-95　　　　　　图1-96　　　　　　图1-97

08 选中"文字 1"图层。选择橡皮擦工具 ◢，在属性栏中单击"画笔预设"选取器，在弹出的面板中将"大小"选项设为60像素，其他选项的设置如图1-98所示。在图像窗口中拖曳鼠标以擦除不需要的部分，效果如图1-99所示。按Ctrl+D快捷键，取消选区。使用相同的方法，擦除不需要的图像，效果如图1-100所示。

09 按Ctrl+O快捷键，打开本书学习资源中的"Ch01\素材\掌握图像处理技巧\03~05"文件。选择移动工具 ⊕，分别将"03~05"图片拖曳到新建的图像窗口中适当的位置，效果如图1-101所示。"图层"面板中生成3个新的图层，将它们分别重命名为"文字 2""地点""标志"。

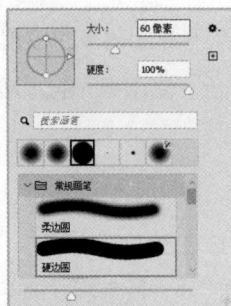
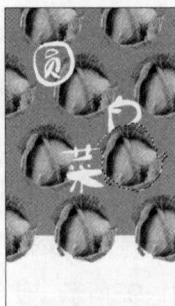
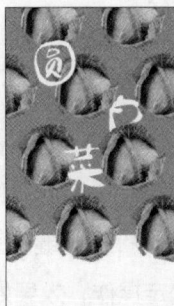
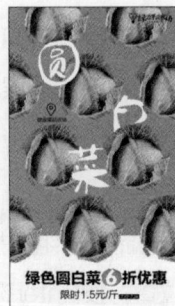

图1-98　　　　　　图1-99　　　　　　图1-100　　　　　　图1-101

任务知识

1.3.1 辅助工具的应用

1. 标尺的应用

打开一张图片。选择"视图 >
标尺"命令，或按Ctrl+R快捷
键，可以显示或隐藏标尺，如图
1-102和图1-103所示。

图1-102　　　　　　　　　　图1-103

将鼠标指针放在标尺原点处，如图1-104所示，向右下方拖曳鼠标到适当的位置，如图1-105所示，松开鼠标左键，标尺的原点就移到鼠标指针所在的位置，如图1-106所示。

图1-104　　　　　　　　图1-105　　　　　　　　图1-106

2. 参考线的应用

将鼠标指针放在水平标尺上，按住鼠标左键不放，向下拖曳鼠标可创建水平参考线，如图1-107所示。将鼠标指针放在垂直标尺上，按住鼠标左键不放，向右拖曳鼠标可创建垂直参考线，如图1-108所示。

选择"视图 > 参考线 > 新建参考线"命令，会弹出"新参考线"对话框，如图1-109所示，设置"取向"和"位置"后单击"确定"按钮，图像窗口中会出现新建的参考线。

  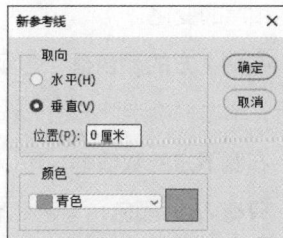

图1-107　　　　　　　　图1-108　　　　　　　　图1-109

选择"视图 > 显示 > 参考线"命令，可以显示或隐藏参考线。此命令只有在存在参考线的前提下才能应用。

选择移动工具 ⊕，将鼠标指针放在参考线上，当鼠标指针变为 ✛ 形状时，按住鼠标左键并拖曳，可以移动参考线。

选择"视图 > 参考线 > 锁定参考线"命令，或按Alt+Ctrl+；快捷键，可以将参考线锁定，参考线被锁定后将不能移动。

选择"视图 > 参考线 > 清除参考线"命令，可以将参考线清除。

3. 网格的应用

选择"视图 > 显示 > 网格"命令，或按Ctrl+'快捷键，可以显示或隐藏网格，如图1-110和图1-111所示。

图1-110

图1-111

提示 按Ctrl+R快捷键，可以显示或隐藏标尺。按Ctrl+；快捷键，可以显示或隐藏参考线。按Ctrl+'快捷键，可以显示或隐藏网格。

1.3.2 设置绘图颜色

在Photoshop中可以使用"拾色器"对话框、"颜色"面板和"色板"面板对图像的色彩进行设置。

1. 使用"拾色器"对话框设置颜色

单击工具箱中的"设置前景色"或"设置背景色"图标，弹出"拾色器（前景色）"或"拾色器（背景色）"对话框，在颜色色带上单击或拖曳两侧的三角形滑块，如图1-112所示，可以使颜色的色相产生变化。

左侧的颜色选择区：可以选择颜色的明度和饱和度，垂直方向表示的是明度的变化，水平方向表示的是饱和度的变化。

右侧上方的颜色框：显示选择的颜色，下方是所选颜色的HSB、RGB、Lab和CMYK值，选择好颜色后，单击"确定"按钮，选择的颜色将变为工具箱中的前景色或背景色。

右侧下方的数值框：可以输入HSB、RGB、Lab、CMYK模式的颜色值，以得到想要的颜色。

只有Web颜色：勾选此复选框，颜色选择区中会出现供网页使用的颜色，如图1-113所示，右侧的数值框 # 000000 中显示的是网页颜色的数值。

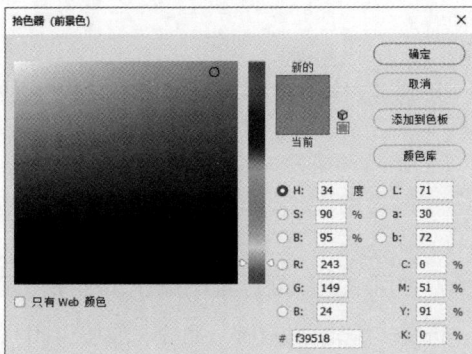
图1-112

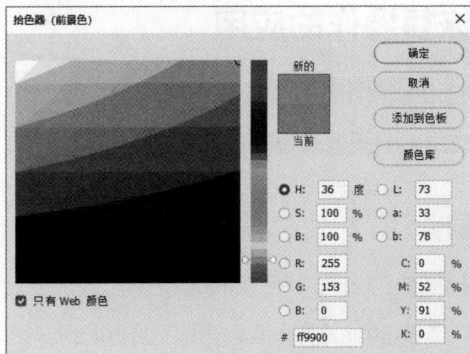
图1-113

2. 使用"颜色"面板设置颜色

选择"窗口 > 颜色"命令，弹出"颜色"面板，如图1-114所示，在该面板中可以改变前景色和背景色。

单击左侧的设置前景色或设置背景色图标■，确定所调整的是前景色还是背景色，拖曳三角形滑块或在色带中选择所需的颜色，或直接在颜色的数值框中输入数值以调整颜色。

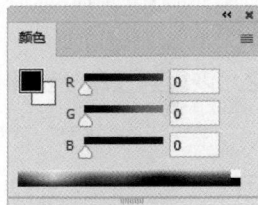
图1-114

3. 使用"色板"面板设置颜色

选择"窗口 > 色板"命令，弹出"色板"面板，如图1-115所示，可以选取一种颜色来改变前景色或背景色。在"色板"面板中单击"创建新色板"按钮 回，如图1-116所示，弹出"色板名称"对话框，如图1-117所示，单击"确定"按钮，即可将当前的前景色添加到"色板"面板中，如图1-118所示。

图1-115

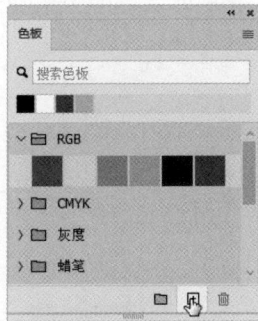
图1-116

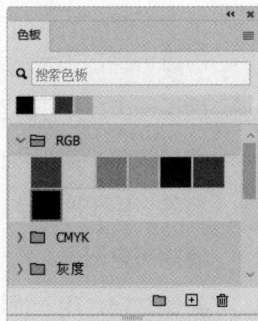
图1-118

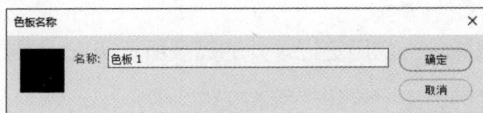
图1-117

在"色板"面板中，将鼠标指针移到色块上，鼠标指针变为吸管 ✐ 形状，此时单击可将吸取的颜色设为前景色。

1.3.3 恢复操作的应用

在绘制和编辑图像的过程中，经常会错误地执行一个步骤或对制作的一系列效果不满意。当希望恢复到前一步或原来的图像效果时，可以进行恢复操作。

1. 恢复操作

在编辑图像的过程中可以随时将操作还原到上一步，也可以重做还原前的操作。选择"编辑 > 还原"命令，或按Ctrl+Z快捷键，可以还原到上一步操作。选择"编辑 > 重做"命令，或按Shift+Ctrl+Z快捷键，可以重做还原前的操作。需要说明的是，在"编辑"菜单中，"还原"和"重做"字样后会显示操作名称，如"编辑 > 还原图层可见性"。选择"文件 > 恢复"命令，可以直接将图像恢复到最后一次保存的状态。当Photoshop正在进行图像处理时，如果想中断这次的操作，可以按Esc键。

2. 恢复到任意一步操作时的状态

在"历史记录"面板中可以将进行过多次处理操作的图像恢复到任意一步操作的状态。选择"窗口 > 历史记录"命令，会弹出"历史记录"面板，如图1-119所示。

"历史记录"面板底部的按钮从左至右依次为"从当前状态创建新文档"按钮 、"创建新快照"按钮 和"删除当前状态"按钮 。

单击"历史记录"面板右上方的 按钮，会弹出面板菜单，如图1-120所示。

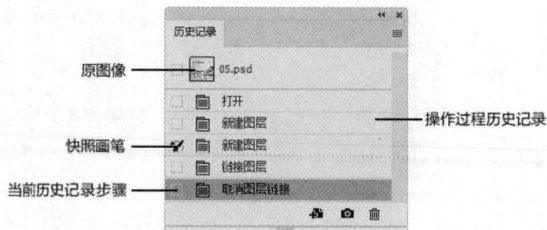

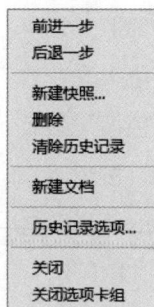

图1-119　　　　　　　　　　图1-120

前进一步： 用于从当前历史记录转到下一个历史记录。

后退一步： 用于从当前历史记录转到上一个历史记录。

新建快照： 用于根据当前历史记录建立新的快照。

删除： 用于删除当前历史记录。

清除历史记录： 用于清除除当前历史记录外的其余所有历史记录。

新建文档： 用于根据当前历史记录建立新的文件。

历史记录选项： 用于设置"历史记录"面板。

"关闭"和"关闭选项卡组"： 用于关闭"历史记录"面板和该面板所在的选项卡组。

1.3.4 图层的基础应用

1. "图层"面板

　　"图层"面板列出了图像中的所有图层、图层组和图层效果，如图1-121所示。可以使用"图层"面板来搜索图层、显示或隐藏图层、创建新图层和处理图层组，还可以在"图层"面板菜单中设置其他命令和选项。

　　图层搜索功能： 在 下拉列表中可以选取9种不同的搜索方式，选取某一方式后，面板中将只显示符合指定条件的图层。类型：可以通过单击"像素图层过滤器"按钮、"调整图层过滤器"按钮、"文字图层过滤器"按钮、"形状图层过滤器"按钮和"智能对象过滤器"按钮来搜索需要的图层类型。名称：可以在右侧的文本框中输入图层名称来搜索图层。效果：通过图层应用的图层样式来搜索图层。模式：通过图层设置的混合模式来搜索图层。属性：通过图层的可见性、锁定、链接、混合和蒙版等属性来搜索图层。颜色：通过不同的图层颜色来搜索图层。智能对象：通过图层中不同智能对象的链接方式来搜索图层。选定：通过选定的图层来搜索图层。画板：通过画板来搜索图层。

图1-121

　　混合模式 ：用于设置图层的混合模式，共有27种混合模式。

　　不透明度： 用于设置图层的不透明度。

　　锁定： 可以完全或部分锁定图层以保护其内容，图层锁定后，其名称右侧会显示图标。有5个用于选择锁定内容的按钮，如图1-122所示。

锁定：
图1-122

　　锁定透明像素：用于锁定当前图层中的透明区域，使透明区域不能被编辑。锁定图像像素：使当前图层和透明区域不能被编辑。锁定位置：使当前图层不能被移动。防止在画板和画框内外自动嵌套：用于锁定画板在画布上的位置。锁定全部：使当前图层或序列完全被锁定。

　　填充： 用于设置图层的填充百分比。

　　图标： 用于显示或隐藏图层中的内容。

　　T图标： 表示此图层为可编辑的文字图层。

　　在"图层"面板底部有7个按钮，如图1-123所示。

图1-123

　　链接图层： 使所选图层和当前图层成为一组链接图层，各链接图层的右侧会显示图标。当对一个链接图层进行操作时，将影响一组链接图层。

　　添加图层样式： 为当前图层添加图层样式效果。

　　图层蒙版： 为当前图层创建一个蒙版。在图层蒙版中，黑色代表隐藏图像，白色代表显示图像。可以使用画笔等绘图工具对蒙版进行绘制，还可以将蒙版转换成选区。

　　创建新的填充或调整图层： 创建一个用于进行颜色填充和效果调整的图层。

　　创建新组： 用于新建一个图层组，可在其中放入图层。

　　创建新图层： 用于在当前图层的上方创建一个新图层。

　　删除图层： 可以将不需要的图层拖曳到此处进行删除。

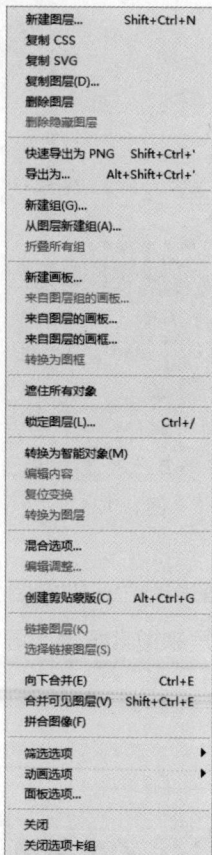

新建图层...   Shift+Ctrl+N
复制 CSS
复制 SVG
复制图层(D)...
删除图层
删除隐藏图层

快速导出为 PNG   Shift+Ctrl+'
导出为...   Alt+Shift+Ctrl+'

新建组(G)...
从图层新建组(A)...
折叠所有组

新建画板...
来自图层组的画板...
来自图层的画板...
来自图层的画框...
转换为画框

遮住所有对象

锁定图层(L)...   Ctrl+/

转换为智能对象(M)
编辑内容
复位变换
转换为图层

混合选项...
编辑调整...

创建剪贴蒙版(C)   Alt+Ctrl+G

链接图层(K)
选择链接图层(S)

向下合并(E)   Ctrl+E
合并可见图层(V)   Shift+Ctrl+E
拼合图像(F)

筛选选项
动画选项
面板选项...

关闭
关闭选项卡组

图1-124

2. "图层"面板菜单

单击"图层"面板右上方的 ≡ 按钮，会弹出面板菜单，如图1-124所示。选择"面板选项"命令，可以编辑"图层"面板。

3. 新建图层

单击"图层"面板右上方的 ≡ 按钮，弹出面板菜单，选择"新建图层"命令，会弹出"新建图层"对话框，如图1-125所示。进行设置后单击"确定"按钮，可新建一个图层。

名称： 用于设置新图层的名称。

使用前一图层创建剪贴蒙版： 勾选此复选框，可以使用前一图层创建剪贴蒙版。

颜色： 用于设置新图层的颜色。

模式： 用于设置当前图层的混合模式。

不透明度： 用于设置当前图层的不透明度。

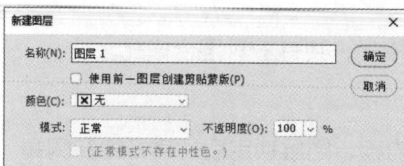

图1-125

单击"图层"面板下方的"创建新图层"按钮 □ ，可以创建一个新图层。按住Alt键的同时单击"创建新图层"按钮 □ ，会弹出"新建图层"对话框；选择"图层 > 新建 > 图层"命令，会弹出"新建图层"对话框；按Shift+Ctrl+N快捷键，也可以弹出"新建图层"对话框。

4. 复制图层

选择一个图层。单击"图层"面板右上方的 ≡ 按钮，弹出面板菜单，选择"复制图层"命令，会弹出"复制图层"对话框，如图1-126所示。进行设置后单击"确定"按钮，可复制出一个图层。

为： 用于设置复制图层的名称。

文档： 用于设置复制图层的文件来源。

图1-126

在"图层"面板中，将需要复制的图层拖曳到下方的"创建新图层"按钮 □ 上，可以复制所选的图层。选择"图层 > 复制图层"命令，弹出"复制图层"对话框。打开目标图像和需要复制的图像，在"图层"面板中将需要复制的图像所在的图层直接拖曳到目标图像中，可以实现复制。

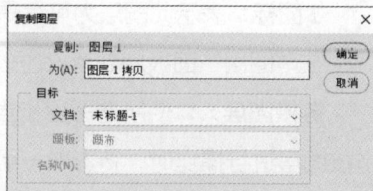

5. 删除图层

选择一个图层，单击"图层"面板右上方的≡按钮，弹出面板菜单，选择"删除图层"命令，会弹出提示对话框，如图1-127所示，单击"是"按钮，删除图层。

在"图层"面板中，选中要删除的图层，单击下方的"删除图层"按钮🗑，可以删除图层；将需要删除的图层直接拖曳到"删除图层"按钮🗑上，也可以删除图层；选择"图层 > 删除 > 图层"命令，也可以删除图层。

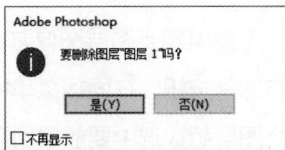

图1-127

6. 图层的显示和隐藏

单击"图层"面板中任意图层左侧的👁图标，可以隐藏这个图层；再次单击该位置，可以显示这个图层。

按住Alt键的同时单击"图层"面板中的任意图层左侧的👁图标，则图像窗口中将只显示这个图层，其他图层会被隐藏。

7. 图层的选择、链接和排列

选择图层：单击"图层"面板中的任意一个图层，可以选择这个图层。选择移动工具➕，在图像窗口中单击鼠标右键，会弹出一个图层选项菜单，选择所需的图层即可。

链接图层：当要同时对多个图层中的图像进行操作时，可以将多个图层进行链接，方便操作。选中要链接的图层，单击"图层"面板下方的"链接图层"按钮∞，选中的图层会被链接；再次单击"链接图层"按钮∞，可取消链接。

排列图层：在"图层"面板中的任意图层上按住鼠标左键不放，拖曳鼠标可将该图层调整到其他图层的上方或下方。选择"图层 > 排列"子菜单中的命令，可以设置相应的排列方式。

提示 按Ctrl+ [快捷键，可以将当前图层向下移动一层；按Ctrl+] 快捷键，可以将当前图层向上移动一层；按Shift+Ctrl+ [快捷键，可以将当前图层移动到除了背景图层以外的所有图层的下方；按Shift+Ctrl+] 快捷键，可以将当前图层移动到所有图层的上方。背景图层不能随意移动，可以将其转换为普通图层后再移动。

8. 合并图层

"向下合并"命令用于向下合并图层。单击"图层"面板右上方的≡按钮，在面板菜单中选择"向下合并"命令，或按Ctrl+E快捷键，即可完成操作。

"合并可见图层"命令用于合并所有可见图层。单击"图层"面板右上方的≡按钮，在面板菜单中选择"合并可见图层"命令，或按Shift+Ctrl+E快捷键，即可完成操作。

　　"拼合图像"命令用于合并所有的图层。单击"图层"面板右上方的▤按钮，在面板菜单中选择"拼合图像"命令，即可完成操作。

9. 图层组

　　当编辑多图层图像时，为了方便操作，可以将多个图层放置在一个图层组中。单击"图层"面板右上方的▤按钮，在面板菜单中选择"新建组"命令，会弹出"新建组"对话框，单击"确定"按钮，新建一个图层组。选中要放置到图层组中的多个图层，将其拖曳到图层组中即可。

> **提示** 单击"图层"面板下方的"创建新组"按钮▣，或选择"图层 > 新建 > 组"命令，可以新建图层组。选中要放置在图层组中的所有图层，按Ctrl+G快捷键，会生成新的图层组，并将选中的图层放置于其中。

项目 2

绘制和编辑选区

本项目主要介绍在Photoshop中绘制选区的方法及编辑选区的技巧。通过学习本项目内容，读者可以学会绘制规则与不规则的选区，并对选区进行移动、反选、羽化等调整操作。

学习目标

● 掌握选区的绘制方法。

● 熟悉选区的操作技巧。

技能目标

● 掌握家居装饰类电商Banner的制作方法。

● 掌握沙发详情页主图的制作方法。

素养目标

● 培养准确观察和分析图像的能力。

● 培养合理编辑图像的能力。

● 培养不断实践和尝试积极探索的能力。

任务2.1 掌握选区的绘制

通过对任务实践的学习，读者可以掌握不同选区工具在实践操作中的应用。通过对任务知识的学习，读者可以掌握不同选区工具的使用技巧和选区的绘制方法。

任务实践 制作家居装饰类电商Banner

任务目标 学习使用不同的选区工具选择不同外形的装饰摆件。

任务要点 使用椭圆选框工具和矩形选框工具抠取时钟图像和画框图像，使用磁性套索工具和"从选区减去"按钮抠取绿植图像，使用移动工具合成图像。最终效果参看学习资源中的"Ch02\效果\制作家居装饰类电商Banner.psd"，如图2-1所示。

图2-1

任务操作

01 按Ctrl+O快捷键，打开本书学习资源中的"Ch02\素材\制作家居装饰类电商Banner\01、02"文件，如图2-2和图2-3所示。

图2-2

图2-3

02 选择"02"图像窗口。选择椭圆选框工具 ⊙，按住Alt+Shift快捷键的同时，以时钟中心为起点拖曳鼠标，绘制圆形选区，如图2-4所示。

03 选择移动工具 ⊕，将选区中的图像拖曳到"01"图像窗口中适当的位置，如图2-5所示。"图层"面板中生成新的图层，将其重命名为"时钟"。

图2-4

图2-5

04 单击"图层"面板下方的"添加图层样式"按钮 *fx*，在弹出的菜单中选择"投影"命令，在弹出的"图层样式"对话框中进行设置，如图2-6所示。单击"确定"按钮，效果如图2-7所示。

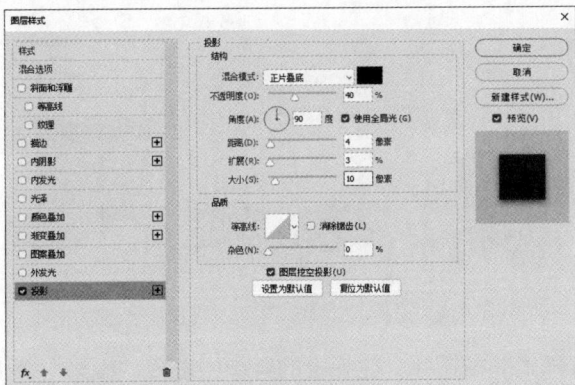

图2-6

图2-7

05 按Ctrl+O快捷键，打开本书学习资源中的"Ch02\素材\制作家居装饰类电商Banner\03"文件，如图2-8所示。选择磁性套索工具 ，在"03"文件图像窗口中沿着绿植图像边缘拖曳鼠标，选区边缘会紧贴图像轮廓，如图2-9所示，将鼠标指针移回起点，如图2-10所示，单击以封闭选区，效果如图2-11所示。

06 选择磁性套索工具 ，在属性栏中单击"从选区减去"按钮 ，在已有选区上继续绘制选区，减去空白区域，效果如图2-12所示。选择移动工具 ，将选区中的图像拖曳到"01"图像窗口中适当的位置，如图2-13所示。"图层"面板中生成新的图层，将其重命名为"绿植"。

图2-8

图2-9

图2-10

图2-11

图2-12

图2-13

07 按Ctrl+O快捷键，打开本书学习资源中的"Ch02\素材\制作家居装饰类电商Banner\04"文件，选择移动工具 ，将花瓶图片拖曳到图像窗口中适当的位置，效果如图2-14所示。"图层"面板中生成新的图层，将其重命名为"花瓶"。

08 按Ctrl+O快捷键，打开本书学习资源中的"Ch02\素材\制作家居装饰类电商Banner\05"文件，如图2-15所示。

图2-14

图2-15

09 选择矩形选框工具▣，在"05"图像窗口中沿着画框边缘拖曳鼠标以绘制矩形选区，如图2-16所示。选择移动工具♣，将选区中的图像拖曳到"01"图像窗口中适当的位置，如图2-17所示。"图层"面板中生成新的图层，将其重命名为"画框"。

图2-16

图2-17

10 单击"图层"面板下方的"添加图层样式"按钮▣，在弹出的菜单中选择"投影"命令，在弹出的"图层样式"对话框中进行设置，如图2-18所示。单击"确定"按钮，效果如图2-19所示。

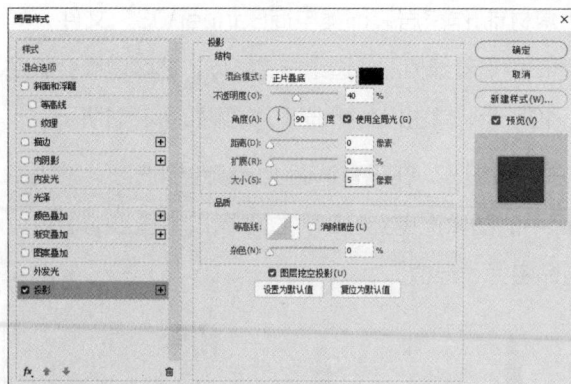

图2-18

图2-19

11 单击"图层"面板下方的"创建新的填充或调整图层"按钮▣，在弹出的菜单中选择"色相/饱和度"命令，"图层"面板中生成"色相/饱和度1"图层，同时弹出"属性"面板，各选项的设置如图2-20所示。按Enter键确定操作，图像效果如图2-21所示。

12 按Ctrl+O快捷键，打开本书学习资源中的"Ch02\素材\制作家居装饰类电商Banner\06"文件，选择移动工具♣，将"06"图片拖曳到图像窗口中适当的位置，效果如图2-22所示。"图层"面板中生成新的图层，将其重命名为"文字"。家居装饰类电商Banner制作完成。

图2-20

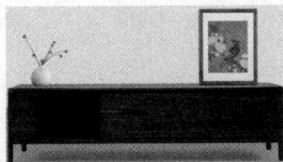

图2-21

图2-22

任务知识

2.1.1 选框工具

使用矩形选框工具可以在图像中绘制矩形选区。

选择矩形选框工具□，或反复按Shift+M快捷键切换到该工具，其属性栏如图2-23所示。

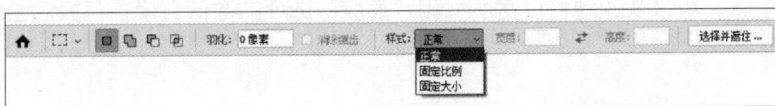

图2-23

新选区□：去除旧选区，绘制新选区。**添加到选区**□：在原有选区的基础上增加新的选区。**从选区减去**□：从原有选区中减去新选区。**与选区交叉**□：选择新选区与旧选区重叠的部分。**羽化：**用于设置选区边界的羽化程度。**消除锯齿：**用于清除选区边缘的锯齿。**样式：**用于选择选区的尺寸类型。**选择并遮住：**单击该按钮，可在打开的"属性"面板中细化选区。

选择矩形选框工具□，在图像窗口中适当的位置拖曳鼠标以绘制选区；松开鼠标左键，矩形选区绘制完成，如图2-24所示。按住Shift键的同时在图像窗口中拖曳鼠标，可以绘制出正方形选区，如图2-25所示。

图2-24

图2-25

在属性栏中选择"样式"下拉列表中的"固定比例"选项，将"宽度"选项设为3，"高度"选项设为2，如图2-26所示，可以在图像中绘制固定比例的选区，效果如图2-27所示。单击"高度和宽度互换"按钮 ⇄，可以快速地将"宽度"和"高度"选项的数值互换，互换后绘制的选区效果如图2-28所示。

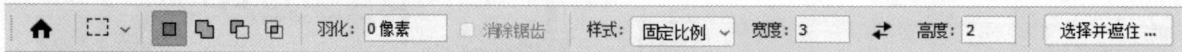

图2-26

图2-27

图2-28

在属性栏中选择"样式"下拉列表中的"固定大小"选项，将"宽度"选项设为60像素，"高度"选项设为170像素，如图2-29所示，可以在图像中绘制固定大小的选区，效果如图2-30所示。单击"高度和宽度互换"按钮 ⇄，可以快速地将"宽度"和"高度"选项的数值互换，互换后绘制的选区效果如图2-31所示。

图2-29

图2-30

图2-31

椭圆选框工具的应用方法与矩形选框工具基本相同，这里不赘述。

2.1.2 套索工具

使用套索工具可以在图像中绘制形状不规则的选区，从而选取形状不规则的图像。

选择套索工具 ⊘，或反复按Shift+L快捷键切换到该工具，其属性栏如图2-32所示。

图2-32

选择套索工具 ⌟，在图像窗口中适当的位置拖曳鼠标进行绘制，如图2-33所示，松开鼠标左键，选择区域自动封闭，生成选区，效果如图2-34所示。

图2-33　　　　　　　　　　　　图2-34

2.1.3　魔棒工具

使用魔棒工具可以选取图像中与单击位置的颜色相似的区域。

选择魔棒工具 ⟋，或反复按Shift+W快捷键切换到该工具，其属性栏如图2-35所示。

图2-35

取样大小：用于设置取样范围的大小。**容差：**用于控制选取颜色的范围，数值越大，可容许的颜色范围越大。**连续：**勾选此复选框后，仅选择连续像素。**对所有图层取样：**勾选此复选框后，取样将作用于所有图层。**选择主体：**用于在图像中最突出的对象处创建选区。

打开一张图片，如图2-36所示。选择魔棒工具 ⟋，在图像中单击需要选择的颜色区域，即可得到需要的选区，如图2-37所示。将"容差"选项设为100，再次单击需要选择的区域，生成选区，效果如图2-38所示。

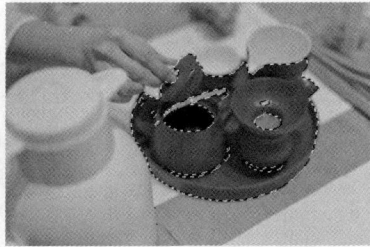

图2-36　　　　　　　　图2-37　　　　　　　　图2-38

按Ctrl+D快捷键取消选区，单击属性栏中的 选择主体 按钮，主体周围生成选区，效果如图2-39所示。

图2-39

2.1.4 对象选择工具

使用对象选择工具可以在选定的区域内查找并自动选择一个对象。

选择对象选择工具 ，其属性栏如图2-40所示。

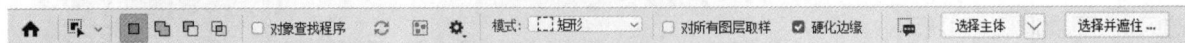

图2-40

对象查找程序： 用于在图像上查找对象并选择所需的对象或区域。：单击此按钮，可在弹出的面板中进行详细设置。**模式：** 用于选择"矩形"或"套索"选取模式。

打开一张图片，如图2-41所示。选择对象选择工具 ，在主体周围绘制选区，如图2-42所示，主体图像周围生成选区，如图2-43所示。

图2-41

图2-42

图2-43

单击属性栏中的"从选区减去"按钮，单击属性栏中的按钮，在弹出的面板中保持"减去对象"复选框处于勾选状态，如图2-44所示；在图像中绘制选区，如图2-45所示，效果如图2-46所示。取消勾选"减去对象"复选框，在图像中绘制选区，效果如图2-47所示。

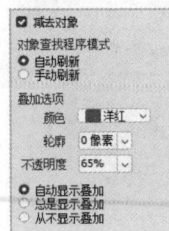
图2-44

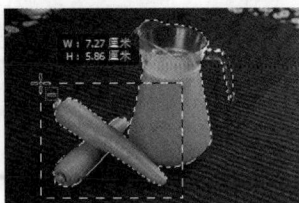
图2-45

图2-46

图2-47

勾选属性栏中的"对象查找程序"复选框，将鼠标指针放置在图像中要选择的区域上，可选择的区域将以叠加颜色突出显示，如图2-48所示。单击即可在图像中生成选区，如图2-49所示。

图2-48

图2-49

提示 对象选择工具 不适合用于选取那些边界不清晰或带有毛发的复杂图形。

2.1.5 "色彩范围"命令

　　使用"色彩范围"命令可以根据选区内的图像或整个图像中的颜色差异更加精确地创建不规则选区。

　　打开一张图片，如图2-50所示。选择"选择 > 色彩范围"命令，会弹出"色彩范围"对话框，如图2-51所示。

图2-50　　　　　　　　　　　　　　　　图2-51

　　选择：选择选区的取样方式。**检测人脸：**在"选择"下拉列表中选择"肤色"选项后，可勾选此复选框，从而更准确地选择肤色。**本地化颜色簇：**勾选此复选框，将显示最大取样范围，向左拖曳滑块可以缩小取样范围。**颜色容差：**调整选定颜色的范围。**选区预览框：**可切换选区预览范围，包含"选择范围"和"图像"两个单选项。**选区预览：**选择图像窗口中选区的预览方式。

2.1.6 "天空替换"命令

　　使用"天空替换"命令可以快速选择和替换照片中的天空，并自动调整原始图像以便与天空搭配。

　　打开一张图片，如图2-52所示。选择"编辑 > 天空替换"命令，会弹出"天空替换"对话框，如图2-53所示。设置完成后，单击"确定"按钮，效果如图2-54所示。

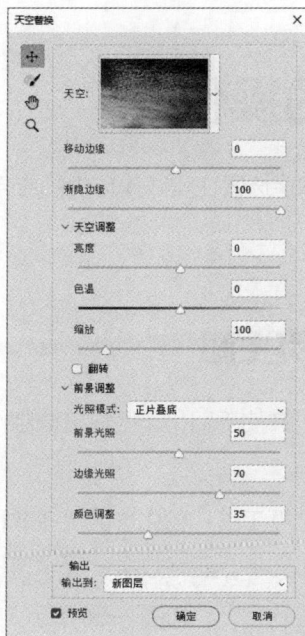

图2-52　　　　　　　　　　　图2-53　　　　　　　　　　　图2-54

天空： 用于选择预设的天空。**移动边缘：** 用于调整天空和原始图像之间的边界。**渐隐边缘：** 用于调整天空和原始图像边缘的过渡效果。**天空调整：** 用于调整天空的亮度、色温和大小。**前景调整：** 用于调整前景与天空颜色的协调程度。**输出：** 用于设置输出方式。

2.1.7 上下文任务栏

打开一张图片后，无须选择任何绘制选区的工具，使用上下文任务栏就可以快速地进行"选择主体"或"移除背景"等操作，如图2-55所示。

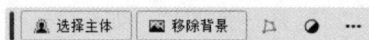

图2-55

选择主体：为图像中最突出的对象创建选区。移除背景：从图像中去除背景，仅保留最突出的图像。
■：转换图像。◐：创建新的调整图层。

打开一张图片，如图2-56所示。单击上下文任务栏中的 选择主体 按钮，主体周围生成选区，如图2-57所示。上下文任务栏中的按钮则变为选区操作按钮，如图2-58所示；可进行"修改选区""反向选区""从选区创建蒙版""填充选区"等操作。

图2-56

图2-57

图2-58

提示 绘制形状时，上下文任务栏不会显示。

任务2.2 掌握选区的操作

通过对任务实践的学习，读者可以掌握选区在实践操作中的应用。通过对任务知识的学习，读者可以掌握调整与编辑选区的命令和操作。

任务实践 制作沙发详情页主图

任务目标 学习使用选框工具绘制选区，并使用羽化选区快捷键制作出需要的效果。

任务要点 使用多边形套索工具、椭圆选框工具、羽化选区快捷键和填充快捷键制作投影，使用移动工具添加文字。最终效果参看学习资源中的"Ch02\效果\制作沙发详情页主图.psd"，如图2-59所示。

图2-59

任务操作

01 按Ctrl+O快捷键，打开本书学习资源中的"Ch02\素材\制作沙发详情页主图\01、02"文件，"01"图片如图2-60所示。选择移动工具，将"02"图片拖曳到"01"图像窗口中适当的位置，效果如图2-61所示。"图层"面板中生成新的图层，将其重命名为"座椅"。选择多边形套索工具，在图像窗口中拖曳鼠标以绘制多边形选区，如图2-62所示。

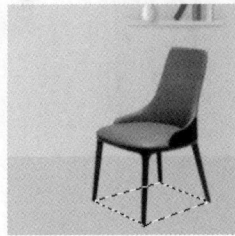

图2-60　　　　　　　　　图2-61　　　　　　　　　图2-62

02 按Shift+F6快捷键，弹出"羽化选区"对话框，选项的设置如图2-63所示。单击"确定"按钮，效果如图2-64所示。

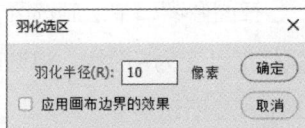
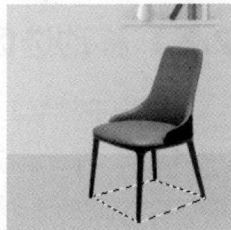

图2-63　　　　　　　　　图2-64

03 按住Ctrl键的同时，单击"图层"面板下方的"创建新图层"按钮，在"座椅"图层下方新建图层，将其重命名为"投影 1"。将前景色设为浅灰色（203、179、148），按Alt+Delete快捷键，用前景色填充选区。按Ctrl+D快捷键，取消选区，效果如图2-65所示。

04 选择椭圆选框工具，在属性栏中将"羽化"设为5像素，在图像窗口中绘制椭圆选区，如图2-66所示。新建图层，将其命名为"投影 2"。将前景色设为深褐色（143、127、105），按Alt+Delete快捷键，用前景色填充选区。按Ctrl+D快捷键，取消选区，效果如图2-67所示。

图2-65　　　　　　　　　图2-66　　　　　　　　　图2-67

05 选择移动工具，按住Alt键的同时，拖曳"投影 2"图像到适当的位置，复制图像，效果如图2-68所示。"图层"面板中生成新的图层"投影 2 拷贝"。使用相同的方法继续复制图像，效果如图2-69所示。

06 选中"座椅"图层。按Ctrl+O快捷键，打开本书学习资源中的"Ch02\素材\制作沙发详情页主图\03"。选择移动工具 ⊕，将"03"图片拖曳到"01"图像窗口中适当的位置，图像效果如图2-70所示。"图层"面板中生成新的图层，将其重命名为"文字"。沙发详情页主图制作完成。

图2-68　　　　　　　　　　图2-69　　　　　　　　　　图2-70

任务知识

2.2.1 移动选区

选择矩形选框工具 ▭，在图像窗口中绘制选区，将鼠标指针放在选区中，鼠标指针变为 ▸ 形状，如图2-71所示。拖曳鼠标，鼠标指针变为 ▸ 形状，将选区拖曳到其他位置，如图2-72所示。松开鼠标左键，即可完成选区的移动，如图2-73所示。

图2-71　　　　　　　　　　图2-72　　　　　　　　　　图2-73

当使用选框工具绘制选区时，不要松开鼠标左键，按住Space（空格）键的同时拖曳鼠标，也可移动选区。绘制出选区后，按方向键可以将选区沿相应方向移动1个像素，按Shift+方向键可以将选区沿相应方向移动10个像素。

2.2.2 羽化选区

选择矩形选框工具 ▭，在图像窗口中绘制选区，如图2-74所示。选择"选择 > 修改 > 羽化"命令，弹出"羽化选区"对话框，设置"羽化半径"的数值，如图2-75所示，单击"确定"按钮，选区被羽化，如图2-76所示。按Shift+Ctrl+I快捷键，可将选区反选。

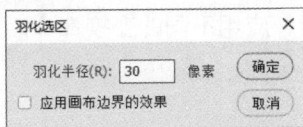

图2-74　　　　　　　　　　图2-75　　　　　　　　　　图2-76

在选区中填充颜色后，按Ctrl+D快捷键，取消选区，效果如图2-77所示。

还可以在绘制选区前在所使用工具的属性栏中直接设置"羽化"选项的数值，如图2-78所示。此时绘制的选区自动成为带有羽化边缘的选区。

图2-77　　　　　　　　　　　　图2-78

2.2.3　创建和取消选区

选择"选择 > 取消选择"命令，或按Ctrl+D快捷键，可以取消选区。

2.2.4　全选和反选选区

选择"选择 > 全部"命令，或按Ctrl+A快捷键，可以选取全部图像，如图2-79所示。

选择"选择 > 反向"命令，或按Shift+Ctrl+I快捷键，可以对当前的选区进行反向选取，反选前后的对比如图2-80和图2-81所示。

图2-79　　　　　　　　图2-80　　　　　　　　图2-81

2.2.5 变换选区

打开一张图片。选择矩形选框工具 ⊡ ，在要变换的图像部分绘制选区。"编辑>变换"的子菜单如图2-82所示，应用不同的变换命令后，图像的变换效果如图2-83所示。

再次(A)	Shift+Ctrl+T
缩放(S)	
旋转(R)	
斜切(K)	
扭曲(D)	
透视(P)	
变形(W)	
水平拆分变形	
垂直拆分变形	
交叉拆分变形	
移去变形拆分	
转换变形锚点	
切换参考线	
旋转 180 度(1)	
顺时针旋转 90 度(9)	
逆时针旋转 90 度(0)	
水平翻转(H)	
垂直翻转(V)	

图2-82

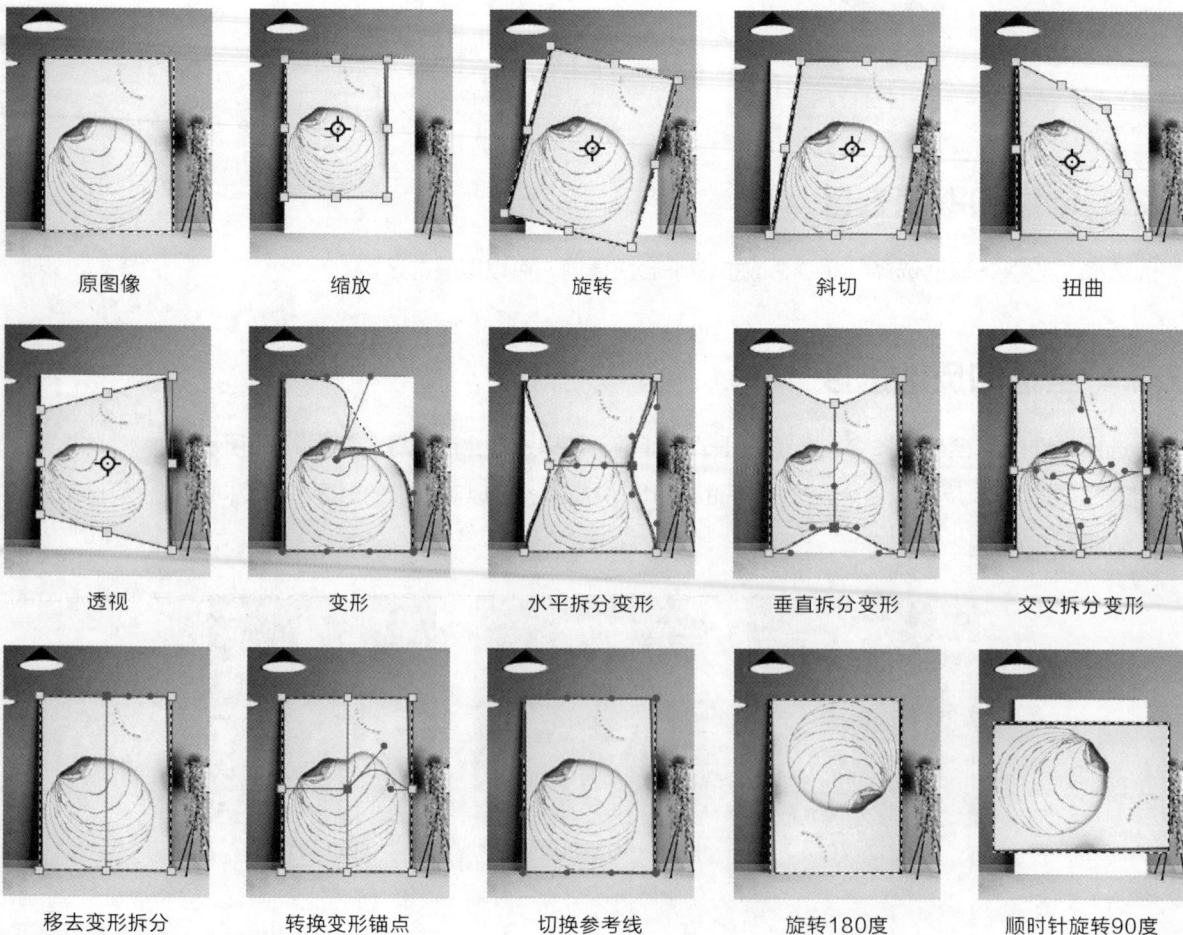

原图像   缩放   旋转   斜切   扭曲

透视   变形   水平拆分变形   垂直拆分变形   交叉拆分变形

移去变形拆分   转换变形锚点   切换参考线   旋转180度   顺时针旋转90度

图2-83

逆时针旋转90度　　　　　　水平翻转　　　　　　垂直翻转

图2-83（续）

> **提示**　使用"变形"命令后，才可以使用"水平拆分变形""垂直拆分变形""交叉拆分变形"命令，用于进一步变形图像；使用"水平拆分变形""垂直拆分变形""交叉拆分变形"命令后，才可以使用"移去变形拆分"命令，用于移去变形拆分效果。

项目实践　制作传统糕点宣传Banner

项目要点　使用对象选择工具和快速选择工具抠出糕点图像，使用椭圆选框工具和"羽化"命令制作投影，使用移动工具添加图片和文字。最终效果参看学习资源中的"Ch02\效果\制作传统糕点宣传Banner.psd"，如图2-84所示。

图2-84

课后习题　制作旅游公众号首图

习题要点　使用"天空替换"命令替换天空，使用移动工具合成图像。最终效果参看学习资源中的"Ch02\效果\制作旅游公众号首图.psd"，如图2-85所示。

图2-85

项目 3

绘制图像

本项目主要介绍在Photoshop中绘制图像的技巧。通过学习本项目内容，读者可以用绘图工具绘制出丰富多彩的图像，用填充工具制作出多样的填充效果。

学习目标

● 掌握绘图工具的使用方法。

● 掌握填充工具的使用技巧。

● 掌握"填充"命令的使用方法。

技能目标

● 掌握女装手机海报的制作方法。

● 掌握谷雨节气公众号首图的制作方法。

● 掌握饮品宣传海报的制作方法。

素养目标

● 培养良好的手眼协调能力。

● 培养良好的艺术感知能力。

● 培养快速绘图的能力。

任务3.1　掌握绘图工具的使用

通过对任务实践的学习，读者可以掌握绘图工具在实践操作中的应用。通过对任务知识的学习，读者可以掌握不同绘图工具的使用方法和操作技巧。

任务实践　制作女装手机海报

任务目标　学习使用绘画工具和"画笔设置"面板绘制海报背景和装饰图形。

任务要点　使用画笔工具制作海报背景，使用铅笔工具和"画笔设置"面板绘制装饰星星，使用移动工具添加人物和文字。最终效果参看学习资源中的"Ch03\效果\制作女装手机海报.psd"，如图3-1所示。

图3-1

任务操作

01　按Ctrl+N快捷键，弹出"新建文档"对话框，设置宽度为1242像素，高度为2208像素，分辨率为72像素/英寸，颜色模式为RGB颜色，背景内容为浅蓝色（234、242、255），单击"创建"按钮，新建一个文件。

02　选择画笔工具 ✎，在属性栏中单击"画笔预设"选取器，在弹出的面板中单击 ✿ 按钮。在弹出的菜单中选择"导入画笔"命令，在弹出的"载入"对话框中选择"Ch03\素材\制作女装手机海报\01"文件，单击"载入"按钮，在"画笔预设"列表中添加画笔集。选中新添加的画笔，其他选项的设置如图3-2所示。

03　新建图层并将其命名为"画笔1"。将前景色设为天蓝色（114、167、245），在图像窗口中多次单击以绘制图像，如图3-3所示。

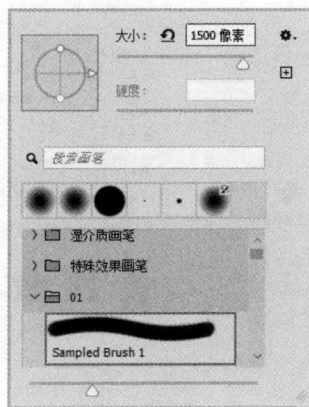

图3-2

图3-3

04 再次在属性栏中单击"画笔预设"选取器，在弹出的面板中选择需要的画笔形状，其他选项的设置如图3-4所示。新建图层并将其命名为"画笔2"。在图像窗口中多次单击以绘制图像，如图3-5所示。

05 按Ctrl+O快捷键，打开本书学习资源中的"Ch03\素材\制作女装手机海报\02"文件。选择移动工具，将"02"图片拖曳到新建的图像窗口中适当的位置，如图3-6所示。"图层"面板中生成新的图层，将其重命名为"人物"。

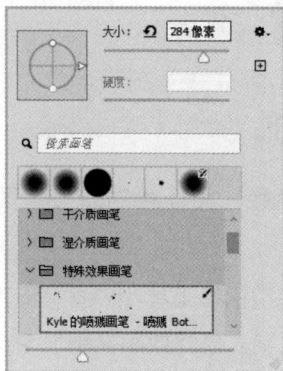

图3-4　　　　　　　　图3-5　　　　　　　　图3-6

06 选择铅笔工具，在属性栏中单击"画笔预设"选取器，在弹出的面板中单击按钮，在弹出的菜单中选择"旧版画笔"命令，在弹出的提示对话框中单击"确定"按钮，将"旧版画笔"画笔集恢复为"画笔预设"列表，如图3-7所示。

07 在属性栏中单击"切换'画笔设置'面板"按钮，在弹出的"画笔设置"面板中选择需要的画笔形状，其他选项的设置如图3-8所示。勾选"形状动态"复选框，切换到相应的面板，各选项的设置如图3-9所示。

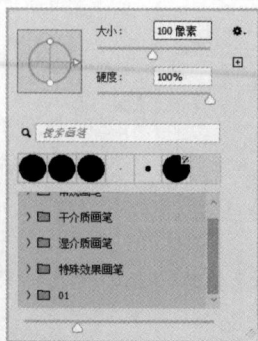
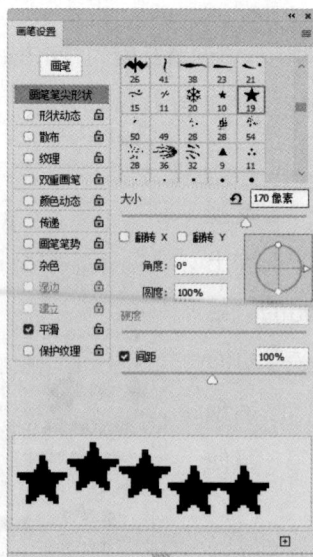
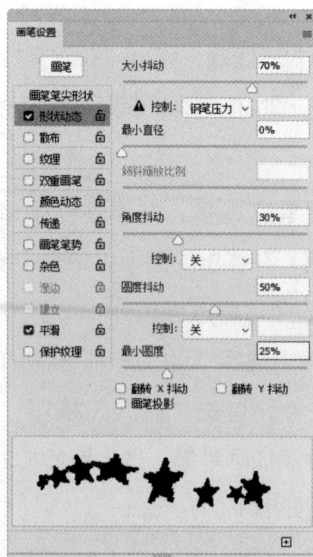

图3-7　　　　　　　　图3-8　　　　　　　　图3-9

08 按住Ctrl键的同时，单击"图层"面板下方的"创建新图层"按钮，在"人物"图层下方新建图层，将其重命名为"星星"。将前景色设为白色，在图像窗口中多次单击以绘制图像，效果如图3-10所示。

09 选中"人物"图层。按Ctrl+O快捷键，打开本书学习资源中的"Ch03\素材\制作女装手机海

报\03、04"文件。选择移动工具 ⊕，分别将
"03""04"图片拖曳到新建的图像窗口中适当
的位置，如图3-11所示。"图层"面板中生成新的
图层，将其重命名为"文字 1"和"文字 2"。女
装手机海报制作完成。

图3-10　　　　　　　　图3-11

任务知识

3.1.1 画笔工具

选择画笔工具 ✐，或反复按Shift+B快捷键切换到该工具，其属性栏如图3-12所示。

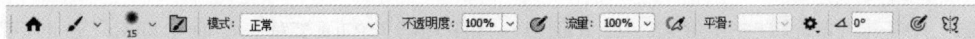

图3-12

●₁₅：用于选择和设置预设的画笔。**模式：**用于设置绘画颜色与下面现有像素的混合模式。**不透明度：**用于设置画笔颜色的不透明度。 ✐：用于对"不透明度"使用压力。**流量：**用于设置喷笔压力，压力越大，喷色越浓。 ✐：用于启用喷枪模式。**平滑：**设置画笔边缘的平滑度。 ⚙：设置其他平滑度选项。 ✐：设置画笔的角度。 ✐：使用压感笔压力，可以覆盖属性栏中的"不透明度"选项和"画笔预设"选取器面板中"大小"选项的设置。 ▦：用于选择和设置绘画的对称选项。

选择画笔工具 ✐，在属性栏中设置画笔选项，如图3-13所示，在图像窗口中拖曳鼠标可以绘制出图3-14所示的效果。

图3-13　　　　　　　　　　　　　　　　图3-14

在属性栏中单击"画笔预设"选取器，会弹出图3-15所示的"画笔预设"选取器面板，可以选择画笔形状。拖曳"大小"滑块或直接输入数值，可以设置画笔的大小。如果选择的画笔是基于样本的，将显示"恢复到原始大小"按钮，单击此按钮可以使画笔恢复到初始大小。

单击"画笔预设"选取器面板右上方的按钮，会弹出面板菜单，如图3-16所示。

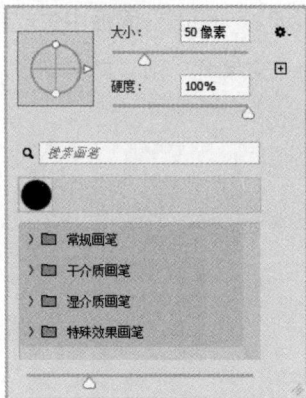

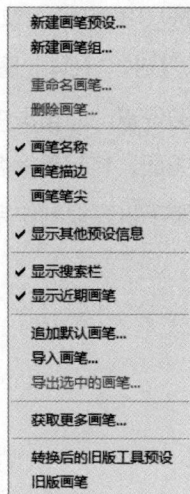

图3-15   图3-16

新建画笔预设： 用于建立新画笔。**新建画笔组：** 用于建立新的画笔组。**重命名画笔：** 用于重新命名画笔。**删除画笔：** 用于删除当前选中的画笔。**画笔名称：** 在"画笔预设"选取器面板中显示画笔名称。**画笔描边：** 在"画笔预设"选取器面板中显示画笔描边。**画笔笔尖：** 在"画笔预设"选取器面板中显示画笔笔尖。**显示其他预设信息：** 在"画笔预设"选取器面板中显示其他预设信息。**显示搜索栏：** 在"画笔预设"选取器面板中显示搜索栏。**显示近期画笔：** 在"画笔预设"选取器面板中显示近期使用过的画笔。**追加默认画笔：** 用于追加默认状态的画笔。**导入画笔：** 用于将存储的画笔载入"画笔预设"选取器面板。**导出选中的画笔：** 用于将当前选取的画笔存储并导出。**获取更多画笔：** 用于在Adobe官网获取更多的画笔。**转换后的旧版工具预设：** 将转换后的旧版工具预设画笔集恢复为画笔预设列表。**旧版画笔：** 将旧版的画笔集恢复为画笔预设列表。

在"画笔预设"选取器面板中单击"从此画笔创建新的预设"按钮，会弹出图3-17所示的"新建画笔"对话框。单击属性栏中的"切换'画笔设置'面板"按钮，会弹出图3-18所示的"画笔设置"面板。

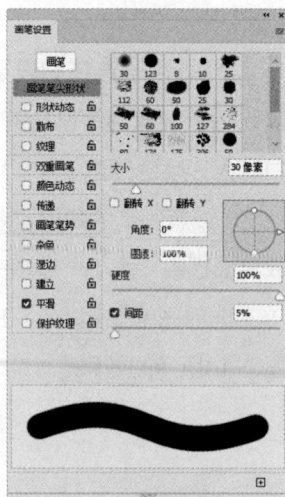

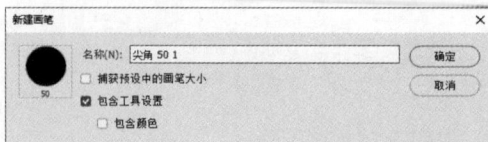

图3-17   图3-18

3.1.2 铅笔工具

选择铅笔工具，或反复按Shift+B快捷键切换到该工具，其属性栏如图3-19所示。

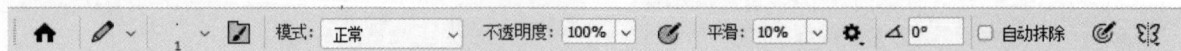

图3-19

自动抹除： 勾选此复选框后，Photoshop将自动判断绘画时的起点颜色，如果起点颜色不是背景色，则铅笔工具将以前景色绘制；如果起点颜色为前景色，则铅笔工具会以背景色绘制。

选择铅笔工具，在属性栏中选择笔触大小，勾选"自动抹除"复选框，如图3-20所示。将前景色和背景色分别设置为黄色和橙色，在图像窗口中单击，绘制一个黄色图形，在黄色图形上单击以绘制下一个图形，用相同的方法继续绘制，效果如图3-21所示。

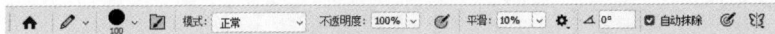

图3-20　　　　　　　　　　　　　　　　　　　　　图3-21

3.1.3　历史记录画笔工具

历史记录画笔工具需要与"历史记录"面板结合起来使用，主要用于将图像的部分区域恢复到某一历史状态，以形成特殊的图像效果。

打开一张图片，如图3-22所示。为图片添加滤镜效果，如图3-23所示。"历史记录"面板如图3-24所示。

 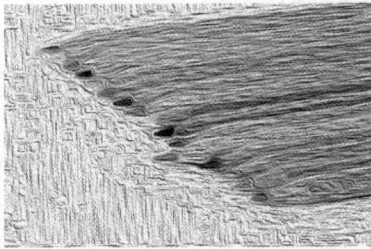 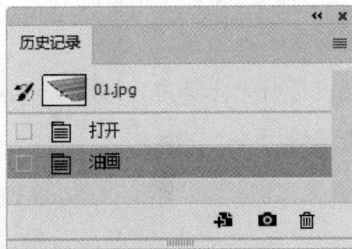

图3-22　　　　　　　　　　　图3-23　　　　　　　　　　　图3-24

选择椭圆选框工具，在属性栏中将"羽化"选项设为50像素，在图像上绘制椭圆选区，如图3-25所示。选择历史记录画笔工具，在"历史记录"面板中单击"打开"步骤左侧的方框，设置历史记录画笔的源，并显示出图标，如图3-26所示。

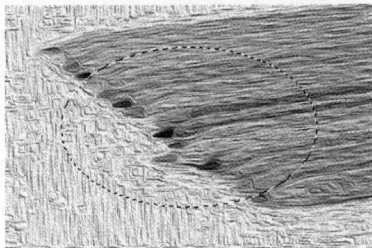 

图3-25　　　　　　　　　　　　　图3-26

用历史记录画笔工具在选区中涂抹，如图3-27所示。取消选区后，效果如图3-28所示。"历史记录"面板如图3-29所示。

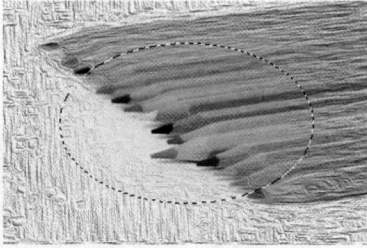
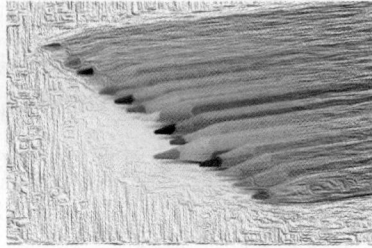

图3-27　　　　　　　　　　图3-28　　　　　　　　　　图3-29

3.1.4　历史记录艺术画笔工具

历史记录艺术画笔工具使用指定历史记录状态或快照中的源数据，以"风格化"滤镜效果进行绘画。其用法和历史记录画笔工具基本相同，区别在于使用其绘图时可以产生艺术效果。

选择历史记录艺术画笔工具，或反复按Shift+Y快捷键切换到该工具，其属性栏如图3-30所示。

图3-30

样式： 用于选择笔触样式。**区域：** 用于设置绘图时画笔所覆盖的像素范围。**容差：** 限定可应用绘画容差的区域。

打开一张图片，如图3-31所示。用颜色填充图像，效果如图3-32所示。"历史记录"面板如图3-33所示。

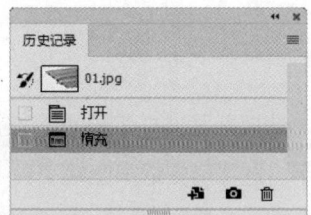

图3-31　　　　　　　　　　图3-32　　　　　　　　　　图3-33

在"历史记录"面板中单击"打开"步骤左侧的方框，设置历史记录艺术画笔的源，并显示出图标，如图3-34所示。选择历史记录艺术画笔工具，在属性栏中进行设置，如图3-35所示。

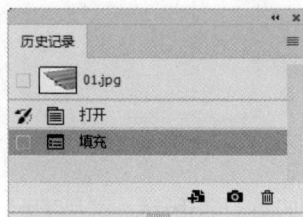

图3-34　　　　　　　　　　　　　　　　图3-35

使用历史记录艺术画笔工具 ☑ 在图像上涂抹,效果如图3-36所示。"历史记录"面板如图3-37所示。

图3-36

图3-37

任务3.2　掌握填充工具的使用

通过对任务实践的学习,读者可以掌握填充工具在实践操作中的应用。通过对任务知识的学习,读者可以掌握不同填充工具的使用方法和操作技巧。

任务实践　制作谷雨节气公众号首图

任务目标　学习使用渐变工具填充渐变,制作谷雨节气公众号首图。

任务要点　使用"路径"面板和转换快捷键将路径转换为选区,使用渐变工具填充渐变以绘制山,使用椭圆选框工具和填充快捷键制作太阳,使用移动工具添加素材。最终效果参看学习资源中的"Ch03\效果\制作谷雨节气公众号首图.psd",如图3-38所示。

图3-38

任务操作

01　按Ctrl+O快捷键,打开本书学习资源中的"Ch03\素材\制作谷雨节气公众号首图\01~04"文件。选择移动工具 ⊕,分别将"02~04"图片拖曳到"01"图像窗口中适当的位置,如图3-39所示。"图层"面板中生成新的图层,将它们分别重命名为"地面""前景""云"。将"前景"图层和"云"图层拖曳到"地面"图层的下方,图像效果如图3-40所示。

图3-39

图3-40

02 选择"窗口 > 路径"命令，弹出"路径"面板，如图3-41所示。选中"路径1"，如图3-42所示，图像效果如图3-43所示。

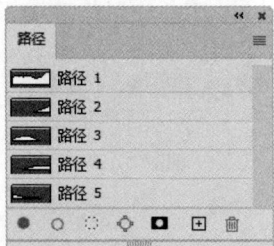

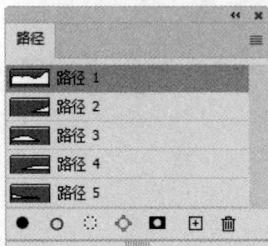

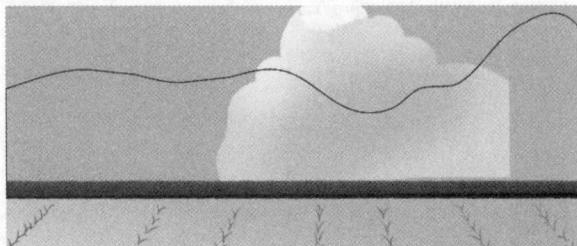

图3-41   图3-42   图3-43

03 返回"图层"面板，选中"云"图层。新建图层并将其命名为"山1"。按Ctrl+Enter快捷键，将路径转换为选区，如图3-44所示。选择渐变工具，在属性栏中设置渐变填充方式为"经典渐变"，单击右侧的"点按可编辑渐变"按钮，弹出"渐变编辑器"对话框，分别设置两个位置点颜色的RGB值为0（233、253、238）、100（183、253、246），单击"确定"按钮。

04 单击属性栏中的"线性渐变"按钮，按住Shift键的同时，在选区中由上至下拖曳鼠标以填充渐变色。按Ctrl+D快捷键，取消选区，效果如图3-45所示。

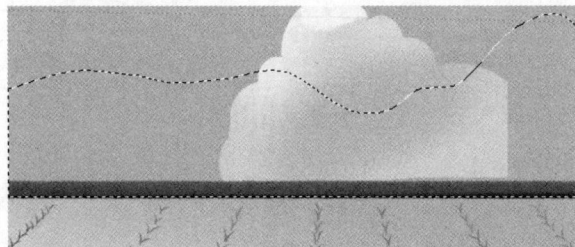

图3-44   图3-45

05 选中"路径"面板中的"路径2"，图像效果如图3-46所示。返回"图层"面板，新建图层并将其命名为"山2"。按Ctrl+Enter快捷键，将路径转换为选区，如图3-47所示。

图3-46   图3-47

06 选择渐变工具，单击属性栏中的"点按可编辑渐变"按钮，弹出"渐变编辑器"对话框，分别设置两个位置点颜色的RGB值为0（200、249、232）、100（221、252、249），单击"确定"按钮。

07 按住Shift键的同时，在选区中由上至下拖曳鼠标以填充渐变色。按Ctrl+D快捷键，取消选区，效果如图3-48所示。选中"路径"面板中的"路径3"，图像效果如图3-49所示。

图3-48

图3-49

08 返回"图层"面板，新建图层并将其命名为"山3"。按Ctrl+Enter快捷键，将路径转换为选区，如图3-50所示。

09 选择渐变工具，单击属性栏中的"点按可编辑渐变"按钮，弹出"渐变编辑器"对话框，分别设置两个位置点颜色的RGB值为0（194、250、246）、100（221、252、249），单击"确定"按钮。按住Shift键的同时，在选区中由上至下拖曳鼠标以填充渐变色。按Ctrl+D快捷键，取消选区，效果如图3-51所示。

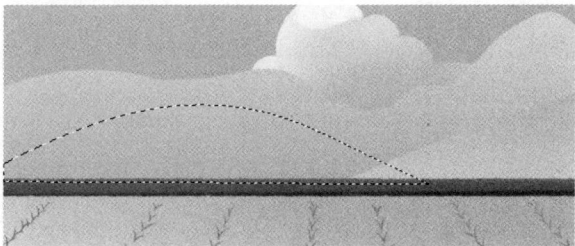

图3-50

图3-51

10 使用上述方法选中"路径4"和"路径5"，制作"山4"和"山5"图层，效果如图3-52所示。按住Shift键的同时，单击"山1""山5"图层，将需要的图层同时选取。按Ctrl+G快捷键，群组图层并将图层组重命名为"山"。

11 选中"地面"图层，新建图层并将其命名为"太阳"。选择椭圆选框工具，在属性栏中将"羽化"选项设为15像素。按住Shift键的同时，在图像窗口中绘制一个圆形选区，如图3-53所示。

图3-52

图3-53

12 将前景色设为橘红色（249、227、200），按Alt+Delete快捷键，填充前景色。按Ctrl+D快捷键，取消选区，效果如图3-54所示。

13 按Ctrl+O快捷键，打开本书学习资源中的"Ch03\素材\制作谷雨节气公众号首图\05~07"文件。选择移动工具 ⊕，分别将"05~07"图片拖曳到"01"图像窗口中适当的位置，如图3-55所示。"图层"面板中生成3个图层，将它们分别重命名为"牛""文字""燕子"。谷雨节气公众号首图制作完成。

图3-54

图3-55

任务知识

3.2.1 油漆桶工具

选择油漆桶工具 ◇，或反复按Shift+G快捷键切换到该工具，其属性栏如图3-56所示。

图3-56

前景 ∨ ：在其下拉列表中可以选择填充前景色还是图案。图案 ∨ ■ ∨ ：用于选择定义好的图案。**连续的**：勾选此复选框后，只填充连续的像素。**所有图层**：用于设置是否对所有可见图层进行填充。

打开一张图片，如图3-57所示。选择油漆桶工具 ◇，在图像中单击以填充颜色，如图3-58所示。设置不同的前景色，用相同的方法在其他部位填充颜色，效果如图3-59所示。

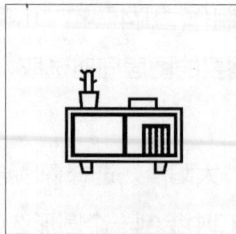

图3-57

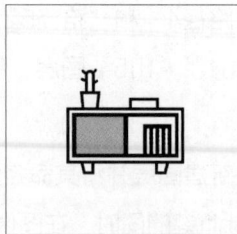

图3-58

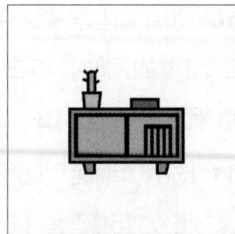

图3-59

在属性栏中设置填充内容为图案，如图3-60所示。用油漆桶工具在图像中单击，填充图案，效果如图3-61所示。

图3-60

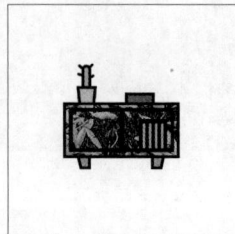

图3-61

3.2.2　吸管工具

选择吸管工具 ⬚，或反复按Shift+I快捷键切换到该工具，其属性栏如图3-62所示。

使用吸管工具 ⬚ 在图像中需要的位置单击，前景色将变为吸管吸取的颜色，"信息"面板中将显示吸取颜色的相关信息，如图3-63所示。

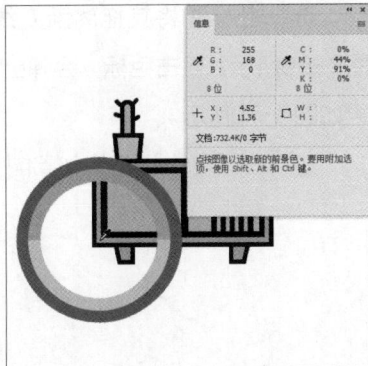

图3-62

图3-63

3.2.3　渐变工具

选择渐变工具 ⬚，或反复按Shift+G快捷键切换到该工具，其属性栏如图3-64所示。

图3-64

⬚ **渐变** ⬚：用于选择渐变填充方式，包括渐变和经典渐变。⬛⬛⬛⬛⬛⬚：用于选择和编辑渐变的色彩。

⬚⬚⬚⬚⬚：用于选择渐变类型，包括线性渐变、径向渐变、角度渐变、对称渐变、菱形渐变。**反向**：勾选此复选框后，可将当前渐变反向。**仿色**：勾选此复选框后，可使渐变更平滑。**透明区域**：勾选此复选框后，可创建包含透明像素的渐变。**方法**：用于选择渐变填充的方法。

1. 渐变

在图像窗口中拖曳鼠标以绘制渐变，如图3-65所示。"图层"面板中生成新的调整图层"渐变填充1"。拖曳色标可以改变渐变的角度和长度，如图3-66所示。

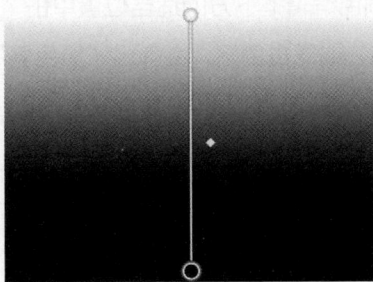

图3-65

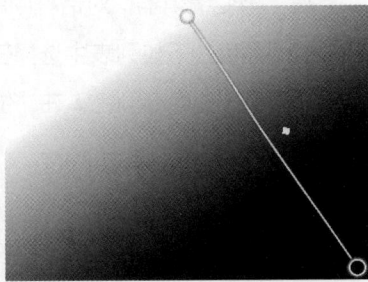

图3-66

单击并拖曳渐变线中间的菱形图形，可以修改渐变中点，如图3-67所示。在渐变线两侧单击，可以添加色标，如图3-68所示。

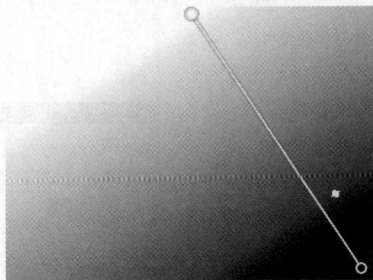

图3-67

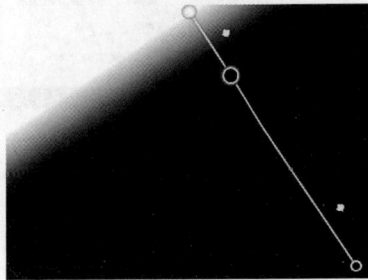

图3-68

选择色标并将其拖离渐变线，或按Delete键，可以删除此色标，如图3-69所示。双击色标，会弹出"拾色器"对话框，可设置色标的颜色，效果如图3-70所示。

也可在"属性"面板中精准控制渐变，如图3-71所示。

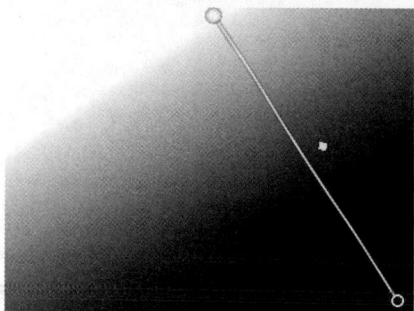

图3-69

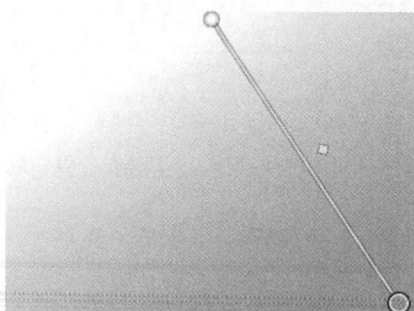

图3-70

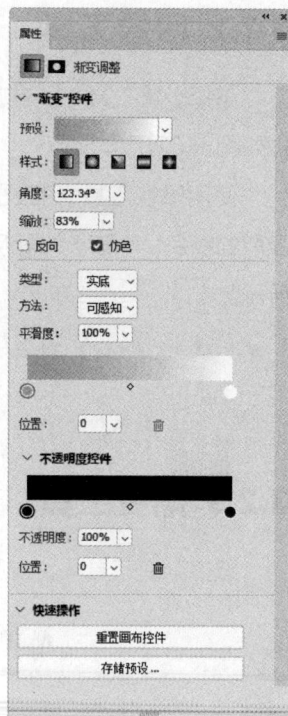

图3-71

2. 经典渐变

在属性栏中的 渐变 下拉列表中选择"经典渐变"选项，单击右侧的"点按可编辑渐变"按钮 ，会弹出"渐变编辑器"对话框，如图3-72所示，可以使用预设的渐变色，也可以自定义渐变形式和颜色。

在"渐变编辑器"对话框中的颜色编辑框下方的适当位置单击，可以增加色标，如图3-73所示。在下方的"颜色"下拉列表中选择颜色，或双击色标，会弹出"拾色器"对话框，设置颜色后单击"确定"按钮，即可改变色标颜色。在"位置"选项的数值框中输入数值或直接拖曳色标，可以调整色标的位置。

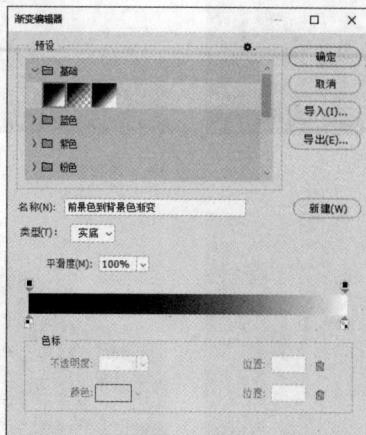

图3-72

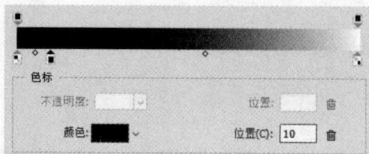

图3-73

任意选择一个色标，如图
3-74所示，单击对话框下方的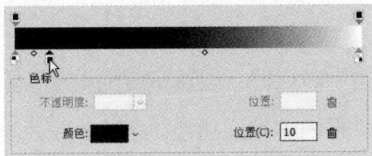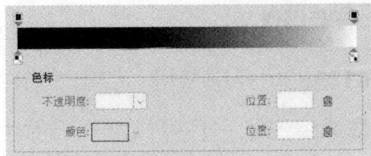
按钮，或按Delete键，可以将此
色标删除，如图3-75所示。

图3-74 　　　　　　　　　　图3-75

单击颜色编辑框左上方的黑色色标，如图3-76所示，调整"不透明度"选项的数值，可以使渐变开始的颜色到渐变结束的颜色之间显示为半透明的效果，如图3-77所示。

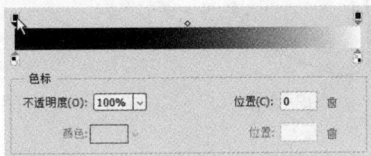 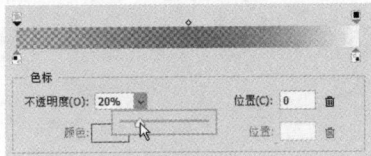

图3-76 　　　　　　　　　　图3-77

在颜色编辑框的上方单击，出现新的色标，如图3-78所示，调整"不透明度"选项的数值，可以使新色标的颜色到两侧的颜色之间出现过渡的半透明效果，如图3-79所示。

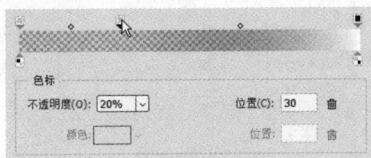 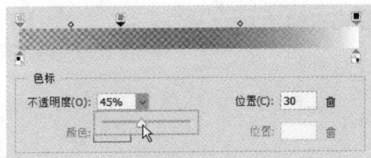

图3-78 　　　　　　　　　　图3-79

任务3.3 掌握"填充"命令和"描边"命令的使用

通过对任务实践的学习，读者可以掌握"填充"命令和"描边"命令在实践操作中的应用。通过对任务知识的学习，读者可以掌握"填充"命令和"描边"命令的使用方法和操作技巧。

任务实践 制作饮品宣传海报

任务目标 学习使用"描边"命令为选区添加描边。

任务要点 使用"定义图案"命令为背景添加底纹，使用载入选区操作和"描边"命令为图像添加描边，使用套索工具制作投影，使用移动工具添加图片和文字。最终效果参看学习资源中的"Ch03\效果\制作饮品宣传海报.psd"，如图3-80所示。

图3-80

任务操作

01 按Ctrl+N快捷键，弹出"新建文档"对话框，设置宽度为41.99厘米，高度为59.4厘米，分辨率为150像素/英寸，颜色模式为RGB颜色，背景内容为浅粉色（255、172、168），单击"创建"按钮，新建一个文件。

02 按Ctrl+O快捷键，打开本书学习资源中的"Ch03\素材\制作饮品宣传海报\01"文件，如图3-81所示。选择"编辑 > 定义图案"命令，弹出"图案名称"对话框，如图3-82所示，单击"确定"按钮，定义图案。

图3-81

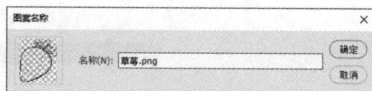

图3-82

03 返回新建的图像窗口，选择"编辑 > 填充"命令，弹出"填充"对话框，将"内容"选项设为"图案"，在"自定图案"面板中选择新定义的图案，其他选项的设置如图3-83所示。单击"确定"按钮，效果如图3-84所示。

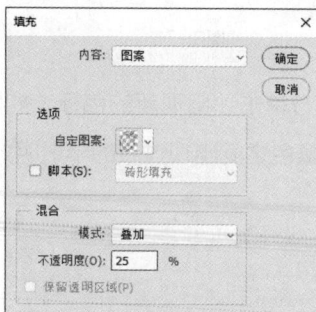

图3-83

图3-84

04 按Ctrl+O快捷键，打开本书学习资源中的"Ch03\素材\制作饮品宣传海报\02"文件。选择移动工具，将"02"图片拖曳到新建的图像窗口中适当的位置，如图3-85所示。"图层"面板中生成新的图层，将其重命名为"饮品"。按住Ctrl键的同时，单击"饮品"图层的缩览图，载入选区。

05 新建图层并将其命名为"描边"。选择"编辑 > 描边"命令，弹出"描边"对话框，各选项的设置如图3-86所示，单击"确定"按钮，为选区添加描边。按Ctrl+D快捷键，取消选区，效果如图3-87所示。

图3-85

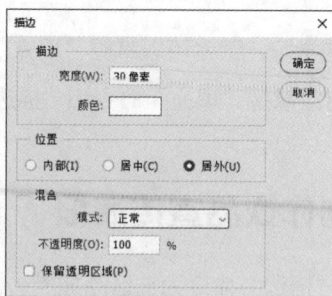

图3-86

图3-87

06 选中"背景"图层。按Ctrl+O快捷键，打开本书学习资源中的"Ch03\素材\制作饮品宣传海报\03"文件。选择移动工具，将"03"图片拖曳到新建的图像窗口中适当的位置，如图3-88所示。"图层"面板中生成新的图层，将其重命名为"草莓汁"。

07 选中"描边"图层。按Ctrl+O快捷键，打开本书学习资源中的"Ch03\素材\制作饮品宣传海报\04"文件。选择移动工具，将"04"图片拖曳到新建的图像窗口中适当的位置，如图3-89所示。"图层"

面板中生成新的图层，将其重命名为"草莓1"。

08 选择套索工具 ，在属性栏中单击"添加到选区"按钮 ，将"羽化"选项设为30像素。在图像窗口中绘制选区，如图3-90所示。按住Ctrl键的同时，在"草莓 1"图层下方新建图层，将其重命名为"投影"。将前景色设为深红色（89、22、16），按Alt+Delete快捷键，用前景色填充选区，如图3-91所示。按Ctrl+D快捷键，取消选区，效果如图3-92所示。

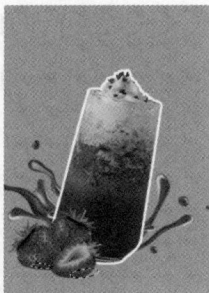

| 图3-88 | 图3-89 | 图3-90 | 图3-91 | 图3-92 |

09 在"图层"面板中，将"投影"图层的"混合模式"选项设为"强光"，如图3-93所示，按Enter键确定操作，图像效果如图3-94所示。

10 选中"草莓 1"图层。按Ctrl+O快捷键，打开本书学习资源中的"Ch03\素材\制作饮品宣传海报\05~07"文件。选择移动工具 ，分别将"05~07"图片拖曳到新建的图像窗口中适当的位置，效果如图3-95所示。"图层"面板中生成新的图层，将它们分别重命名为"草莓2""文字1""文字2"。饮品宣传海报制作完成。

| 图3-93 | 图3-94 | 图3-95 |

任务知识

3.3.1 "填充"命令

1. "填充"对话框

选择"编辑 > 填充"命令，会弹出"填充"对话框，如图3-96所示。

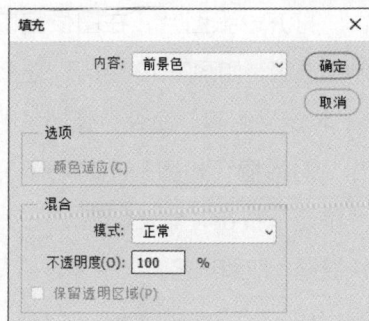

图3-96

内容： 用于选择填充方式，包括"前景色""背景色""颜色""内容识别""图案""历史记录""黑色""50%灰色""白色"。**颜色适应：** 用于调整填充的对比度和亮度以更好地匹配颜色。**模式：** 用于设置填充的混合模式。**不透明度：** 用于调整填充的不透明度。**保留透明区域：** 用于设置是否保留透明区域。

2. 填充颜色

打开一张图片，在图像窗口中绘制出选区，如图3-97所示。将前景色设为浅棕色（237、180、137）。选择"编辑 > 填充"命令，弹出"填充"对话框，各选项的设置如图3-98所示，单击"确定"按钮，效果如图3-99所示。

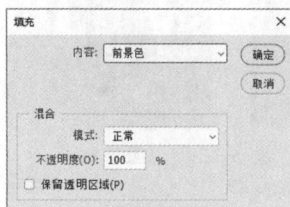

图3-97　　　　　　　图3-98　　　　　　　图3-99

提示 按Alt+Delete快捷键，可以用前景色填充选区或图层；按Ctrl+Delete快捷键，可以用背景色填充选区或图层；按Delete键，可以删除选区中的图像。

3. 上下文任务栏

打开一张图片，在上下文任务栏中单击 选择主体 按钮，主体周围生成选区，如图3-100所示。上下文任务栏中的按钮则变为选区操作按钮，单击"反向选区"按钮，反选选区，如图3-101所示。单击"填充选区"按钮，在弹出的菜单中选择后续需要的填充方式，如图3-102所示。

图3-100　　　　　　　图3-101　　　　　　　图3-102

3.3.2 自定义图案

打开一张图片，在图像窗口中绘制出选区，如图3-103所示。选择"编辑 > 定义图案"命令，弹出"图案名称"对话框，如图3-104所示，单击"确定"按钮，定义图案。按Ctrl+D快捷键，取消选区。

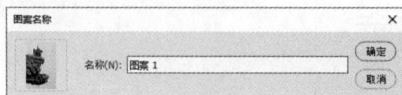

图3-103　　　　　　　图3-104

选择"编辑＞填充"命令，弹出"填充"对话框，单击☑按钮，在"自定图案"面板中选择新定义的图案，如图3-105所示，单击"确定"按钮，效果如图3-106所示。

在"填充"对话框的"模式"下拉列表中选择"叠加"选项，如图3-107所示，单击"确定"按钮，效果如图3-108所示。

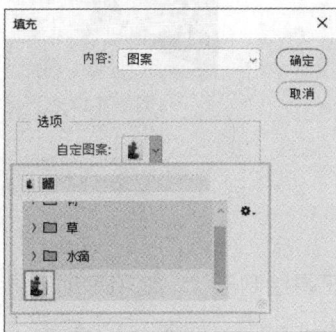

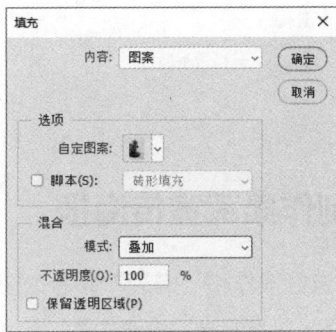

图3-105　　　　　　　图3-106　　　　　　　图3-107　　　　　　　图3-108

3.3.3 "描边"命令

1. "描边"对话框

选择"编辑＞描边"命令，会弹出"描边"对话框，如图3-109所示。

描边：用于设置描边的宽度和颜色。**位置：**用于设置描边相对于边缘的位置，包括"内部""居中"和"居外"3个选项。**混合：**用于设置描边的混合模式和不透明度。

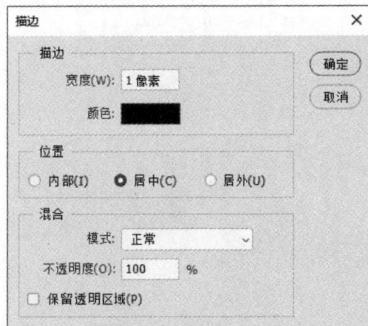

图3-109

2. 描边

打开一张图片，在图像窗口中绘制出选区，如图3-110所示。选择"编辑＞描边"命令，弹出"描边"对话框，各选项的设置如图3-111所示，单击"确定"按钮，为选区描边。取消选区后，效果如图3-112所示。

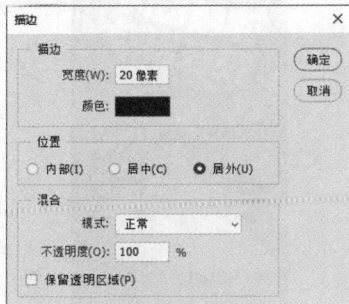

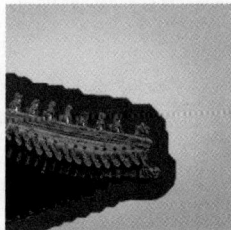

图3-110　　　　　　　图3-111　　　　　　　图3-112

在"描边"对话框的"模式"下拉列表中选择"叠加"选项，如图3-113所示，单击"确定"按钮，为选区描边。取消选区后，效果如图3-114所示。

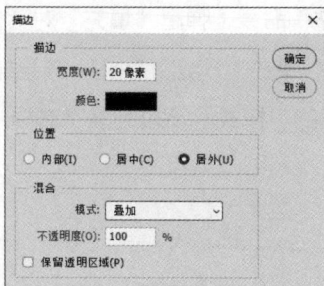
图3-113

图3-114

项目实践 制作果蔬宣传海报

项目要点 使用载入选区操作和"描边"命令为图像添加描边，使用画笔工具绘制形状，使用移动工具添加图片和文字。最终效果参看学习资源中的"Ch03\效果\制作果蔬宣传海报.psd"，如图3-115所示。

图3-115

课后习题 制作露营手机海报

习题要点 使用渐变工具制作背景，使用画笔工具绘制装饰图形。最终效果参看学习资源中的"Ch03\效果\制作露营手机海报.psd"，如图3-116所示。

图3-116

项目 4

修饰图像

本项目主要介绍在Photoshop中修饰图像的方法与技巧。通过学习本项目内容，读者可以掌握修饰图像的基本方法与操作技巧，应用相关工具快速地复制图像、去除污点、消除红眼、修复有缺陷的图像。

学习目标

● 掌握修复与修补工具的使用方法。

● 掌握修饰工具的应用技巧。

● 掌握擦除工具的使用方法。

技能目标

● 掌握化妆品海报的修复方法。

● 掌握文化节海报的修饰方法。

● 掌握餐饮类宣传Banner的制作方法。

素养目标

● 培养对图像的鉴赏能力。

● 培养善于思考、勤于练习的业务能力。

● 培养正确表达自己意见的沟通能力。

任务4.1 掌握修复与修补工具

通过对任务实践的学习，读者可以掌握修复与修补工具在实践操作中的应用。通过对任务知识的学习，读者可以掌握不同的修复与修补工具的使用方法和操作技巧。

任务实践 修复化妆品海报

任务目标 学习使用不同的修复工具修复人物。

任务要点 使用红眼工具去除红眼，使用污点修复画笔工具修复图像，使用仿制图章工具去除皱纹。最终效果参看学习资源中的"Ch04\效果\修复化妆品海报.psd"，如图4-1所示。

图4-1

任务操作

01 按Ctrl+O快捷键，打开本书学习资源中的"Ch04\素材\修复化妆品海报\01"文件，如图4-2所示。将"背景"图层拖曳到"图层"面板下方的"创建新图层"按钮 上进行复制，生成新的图层"背景 拷贝"，如图4-3所示。

02 选择缩放工具 ，将图像的局部放大。选择红眼工具 ，在属性栏中将"瞳孔大小"选项设为70%，"变暗量"选项设为30%，分别在眼睛处单击以去除红眼，效果如图4-4所示。

图4-2

图4-3

图4-4

03 选择污点修复画笔工具 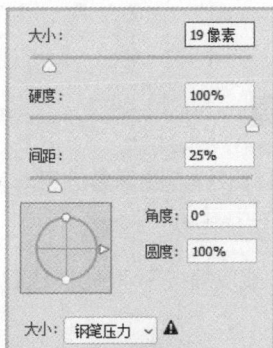，在属性栏中单击
"画笔预设"选取器，在弹出的面板中将"大小"
选项设为19像素，其他选项的设置如图4-5所示。
在图像窗口中需要修复的位置多次单击，修复图
像，效果如图4-6所示。

图4-5　　　　　　　　图4-6

04 选择仿制图章工具 ，在属性栏中单击"画笔预设"选取器，在弹出的面板中选择需要的画笔形状，
其他选项的设置如图4-7所示。

05 将鼠标指针放置在需要复制图像的位置，按住Alt键，鼠标指针变为 ⊕ 形状，如图4-8所示，单击以确
定取样点。松开Alt键，在图像窗口中需要清除的位置多次单击，清除图像中的皱纹，效果如图4-9所示。

 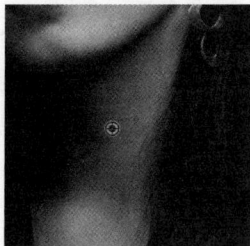 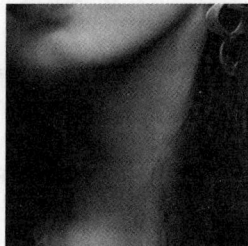

图4-7　　　　　　　　图4-8　　　　　　　　图4-9

06 使用相同的方法，清除图像中其他的皱纹，
图像效果如图4-10所示。按Ctrl+O快捷键，打开
本书学习资源中的"Ch04\素材\修复化妆品海报\
02"文件。选择移动工具 ，将"02"图片拖
曳到"01"图像窗口中适当的位置，图像效果如
图4-11所示。"图层"面板中生成新的图层，将其
重命名为"文字"。化妆品海报修复完成。

图4-10　　　　　　　　图4-11

任务知识

4.1.1 修复画笔工具

使用修复画笔工具可以将取样点的像素信息非常自然地复制到图像中，并保持图像的亮度、饱和度、纹理等属性，使修复的效果更加自然、逼真。

选择修复画笔工具 ✐，或反复按Shift+J快捷键切换到该工具，其属性栏如图4-12所示。

图4-12

● ：单击此按钮，可以在弹出的面板中设置画笔的大小、硬度、间距、角度、圆度和压力大小，如图4-13所示。**模式：**可以选择复制像素或填充图案与底图的混合模式。**源：**可以设置修复区域的源。单击"取样"按钮后，按住Alt键，鼠标指针变为⊕形状。单击确定取样点，在图像中要修复的位置拖曳鼠标，可以复制出取样点的图像；单击"图案"按钮后，可以单击右侧的 ✓ 按钮，在弹出的面板中选择图案或自定义图案来填充图像。**对齐：**勾选此复选框，可以使取样点随修复位置移动。**样本：**可以选择样本的仿制图层，包括"当前图层""当前和下方图层"和"所有图层"选项。● ：单击此按钮，可以在修复时忽略调整图层。**扩散：**用于调整笔迹扩散的程度。

打开一张图片。选择修复画笔工具 ✐，按住Alt键的同时，鼠标指针变为⊕形状，如图4-14所示，在适当的位置单击以确定取样点。松开Alt键，在需要修复的区域单击，修复图像，如图4-15所示。用相同的方法修复其他位置，效果如图4-16所示。

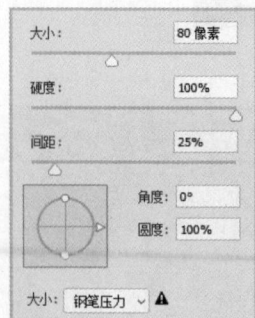

图4-13

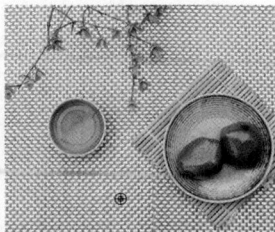

图4-14

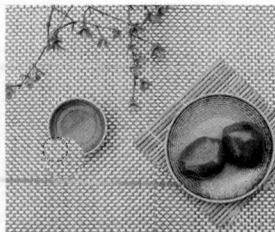

图4-15

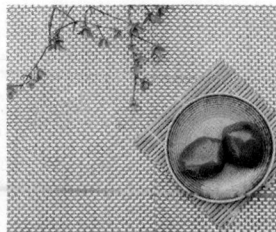

图4-16

单击属性栏中的"切换仿制源面板"按钮 ⊞，会弹出"仿制源"面板，如图4-17所示。

仿制源：单击某个仿制源按钮后，按住Alt键的同时在图像中单击，可以设置取样点。单击下一个仿制源按钮，可以继续取样。

源：指定x轴和y轴的像素位移值，可以在相对于取样点的精确位置进行仿制。

W/H：用于缩放所仿制的源。

旋转：在文本框中输入旋转角度，可以旋转仿制的源。

翻转：单击"水平翻转"按钮 ⊞ 或"垂直翻转"按钮 ⊞ ，可以水平或垂直翻转仿制源。

复位变换：单击此按钮，可将W、H、旋转角度值和翻转方向恢复到默认的状态。

帧位移：用于设置帧位移。

锁定帧：勾选此复选框，可以锁定源帧。

显示叠加：勾选此复选框并设置叠加方式后，在使用修复工具时可以更好地查看叠加效果和下面的图像。

已剪切：勾选此复选框，可以将叠加效果剪切到画笔大小。

自动隐藏：勾选此复选框，可以在应用绘画描边时隐藏叠加效果。

反相：勾选此复选框，可以反相叠加颜色。

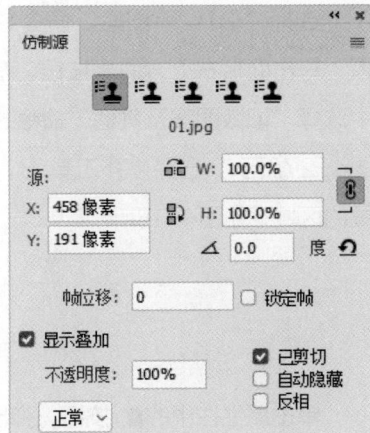

图4-17

4.1.2 修补工具

选择修补工具 ，或反复按Shift+J快捷键切换到该工具，其属性栏如图4-18所示。

图4-18

打开一张图片。选择修补工具 ，选取图像中要修复的区域，如图4-19所示。在属性栏中单击"源"按钮，将选取的图像拖曳到需要的位置，如图4-20所示。松开鼠标左键，选取的图像被新位置的图像替换，如图4-21所示。按Ctrl+D快捷键，取消选区，效果如图4-22所示。

图4-19

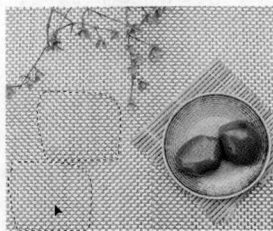

图4-20

图4-21

图4-22

选择修补工具 ，选取要使用的图像区域，如图4-23所示。在属性栏中单击"目标"按钮，将选取的图像拖曳到要修复的区域，如图4-24所示。选取的图像替换了新位置的图像，如图4-25所示。按Ctrl+D快捷键，取消选区，效果如图4-26所示。

图4-23

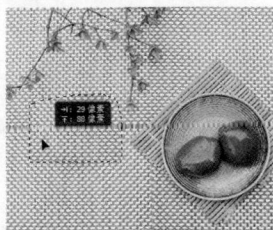

图4-24

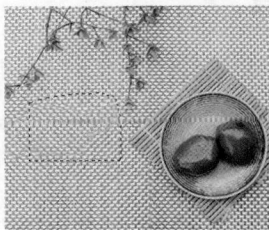

图4-25

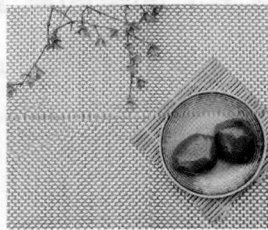

图4-26

选择"窗口 > 图案"命令，弹出"图案"面板，单击面板右上方的 ≣ 按钮，在弹出的面板菜单中选择"旧版图案及其他"命令，"图案"面板如图4-27所示。选择修补工具 ▦，选取图像中要修复的区域，如图4-28所示。

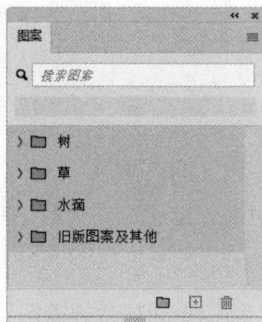
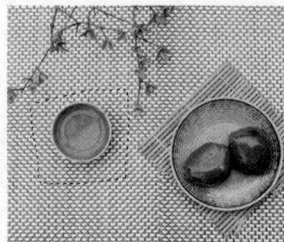

图4-27   图4-28

单击属性栏中的 ■ 按钮，弹出图案选择面板，选择"旧版图案及其他 > 旧版图案 > 旧版默认图案"中需要的图案，如图4-29所示。单击"使用图案"按钮，在选区中填充所选图案。按Ctrl+D快捷键，取消选区，效果如图4-30所示。

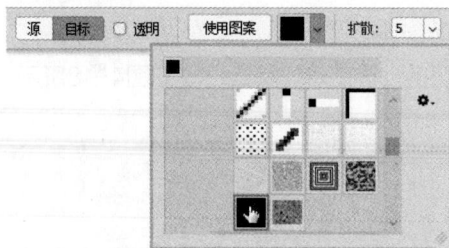
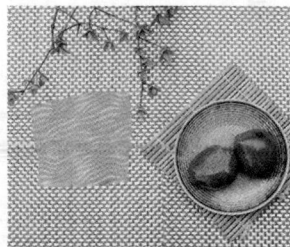

图4-29   图4-30

选择修补工具 ▦，选取图像中要修复的区域。选择需要的图案，勾选"透明"复选框，如图4-31所示。单击"使用图案"按钮，在选区中填充透明图案。按Ctrl+D快捷键，取消选区，效果如图4-32所示。

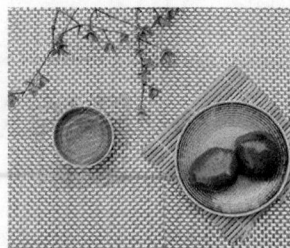

图4-31   图4-32

4.1.3 图案图章工具

选择图案图章工具 ⚑，或反复按Shift+S快捷键切换到该工具，其属性栏如图4-33所示。

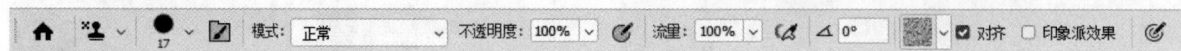

图4-33

在要定义为图案的图像上绘制选区，如图4-34所示。选择"编辑 > 定义图案"命令，弹出"图案名称"对话框，设置名称为"图案1"，如图4-35所示，单击"确定"按钮，定义选区中的图像为图案。

图4-34

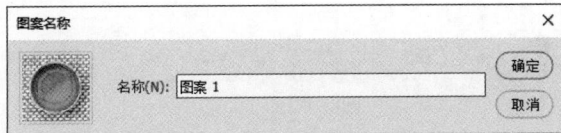

图4-35

选择图案图章工具，在属性栏中选择定义好的图案，如图4-36所示。按Ctrl+D快捷键，取消选区。在适当的位置拖曳鼠标，复制出定义好的图案，效果如图4-37所示。

图4-36

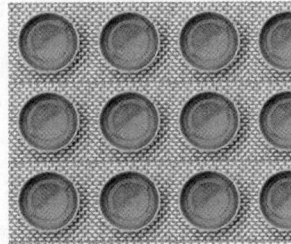

图4-37

4.1.4 颜色替换工具

颜色替换工具用于替换图像中的特定颜色。颜色替换工具不适用于位图、索引颜色和多通道模式的图像。

选择颜色替换工具，或反复按Shift+B快捷键切换到该工具，其属性栏如图4-38所示。

图4-38

打开一张图片，如图4-39所示。在"颜色"面板中设置前景色，如图4-40所示。在"色板"面板中单击"创建新色板"按钮，将设置的前景色保存在"色板"面板中，如图4-41所示。

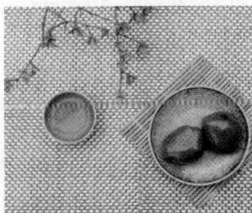

图4-39

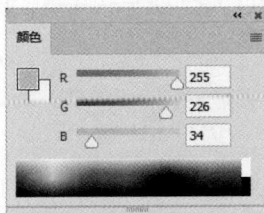

图4-40

图4-41

选择颜色替换工具 ，在属性栏中进行设置，如图4-42所示。在图像中需要上色的区域直接涂抹进行上色，效果如图4-43所示。

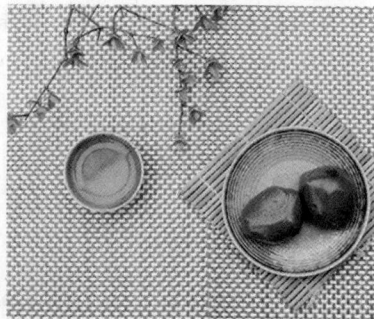

图4-42　　　　　　　　　　　　　　　　　　　　图4-43

4.1.5　仿制图章工具

使用仿制图章工具可以以指定的像素点为复制基准点，将其周围的图像复制到其他地方。

选择仿制图章工具 ，或反复按Shift+S快捷键切换到该工具，其属性栏如图4-44所示。

图4-44

流量：用于设置油墨扩散的速度。**对齐：**用于控制是否在复制时使用对齐功能。

选择仿制图章工具 ，将鼠标指针放置在图像中需要复制的位置，按住Alt键，鼠标指针变为 ⊕ 形状，如图4-45所示，单击以确定取样点。在适当的位置拖曳鼠标，复制出取样点的图像，效果如图4-46所示。

图4-45　　　　　　　　　图4-46

4.1.6　红眼工具

使用红眼工具可以去除用闪光灯拍摄的人物照片中的红眼。

选择红眼工具 ，或反复按Shift+J快捷键切换到该工具，其属性栏如图4-47所示。

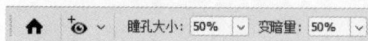

图4-47

瞳孔大小：用于设置瞳孔的大小。**变暗量：**用于设置瞳孔的暗度。

4.1.7　污点修复画笔工具

污点修复画笔工具的工作方式与修复画笔工具相似，都使用图像中的样本像素进行绘画，并将样本像素的纹理、光照、透明度和阴影与所修复的像素进行匹配。区别在于，使用污点修复画笔工具时不需要指定取样点，将自动从所修复区域的周围取样。

选择污点修复画笔工具 ，或反复按Shift+J快捷键切换到该工具，其属性栏如图4-48所示。

图4-48

选择污点修复画笔工具 ，在属性栏中进行设置，如图4-49所示。打开一张图片，如图4-50所示。在要去除的污点图像上拖曳鼠标，如图4-51所示，松开鼠标左键，污点会被去除，效果如图4-52所示。

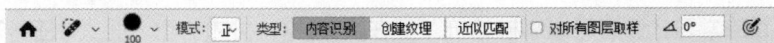

图4-49

图4-50

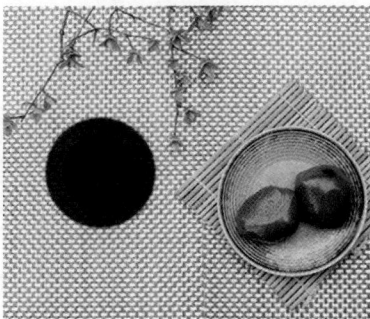

图4-51

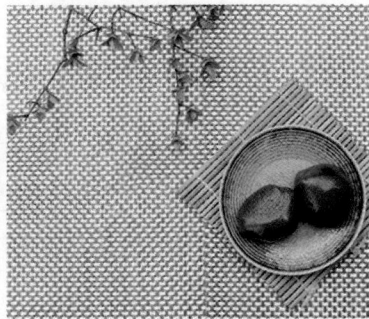

图4-52

4.1.8　移除工具

移除工具的工作方式与污点修复画笔工具相似，都使用图像中的样本像素进行绘画，并将样本像素的纹理、光照、透明度和阴影与所修复的像素进行匹配。区别在于，使用移除工具时是基于人工智能算法移除对象并填充背景。

选择移除工具 ，或反复按Shift+J快捷键切换到该工具，其属性栏如图4-53所示。

图4-53

选择移除工具 ，在属性栏中进行设置，如图4-54所示。打开一张图片，如图4-55所示。在要去除的污点图像上拖曳鼠标，如图4-56所示，松开鼠标左键，污点会被去除，效果如图4-57所示。

图4-54

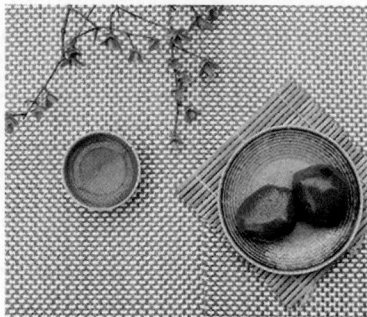

图4-55

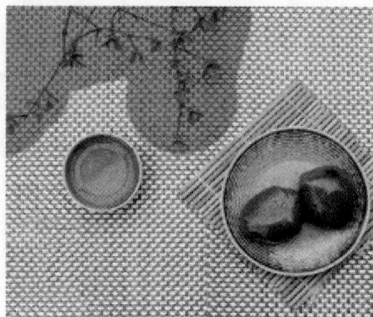

图4-56

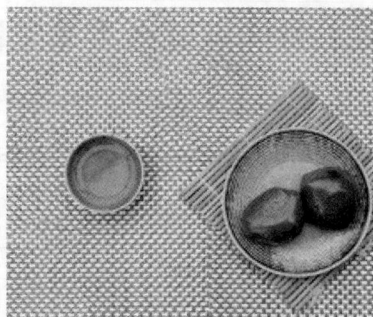

图4-57

任务4.2 掌握修饰工具

通过对任务实践的学习，读者可以掌握修饰工具在实践操作中的应用。通过对任务知识的学习，读者可以掌握不同修饰工具的使用方法和操作技巧。

任务实践 修饰文化节海报

任务目标 学习使用不同的修饰工具修饰文化节海报。

任务要点 使用加深工具、模糊工具和涂抹工具修饰人物，使用移动工具添加文字。最终效果参看学习资源中的"Ch04\效果\修饰文化节海报.psd"，如图4-58所示。

图4-58

任务操作

01 按Ctrl+O快捷键，打开本书学习资源中的"Ch04\素材\修饰文化节海报\01、02"文件，"01"图片如图4-59所示。选择移动工具 ，将"02"图片拖曳到"01"图像窗口中适当的位置，效果如图4-60所示。"图层"面板中生成新的图层，将其重命名为"人物"。将"人物"图层拖曳到"图层"面板下方的"创建新图层"按钮 上进行复制，生成新的图层"人物 拷贝"。

02 选择加深工具 ，在属性栏中单击"画笔预设"选取器，在弹出的面板中将"大小"选项设为600像素，其他选项的设置如图4-61所示。在属性栏中将"范围"设为阴影。在图像窗口中涂抹人物全身，效果如图4-62所示。

  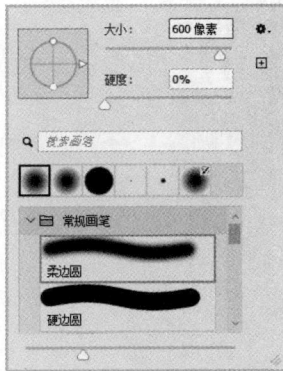 

图4-59　　　　　　　　　图4-60　　　　　　　　　图4-61　　　　　　　　　图4-62

03 选择模糊工具 ，在属性栏中单击"画笔预设"选取器，在弹出的面板中将"大小"选项设为60像素，其他选项的设置如图4-63所示。在图像窗口中涂抹人物轮廓，效果如图4-64所示。将"人物 拷贝"图层拖曳到"图层"面板下方的"创建新图层"按钮 上进行复制，生成新的图层并将其重命名为"人物涂抹"。

04 选择涂抹工具 ，在属性栏中单击"画笔预设"选取器，在弹出的面板中选择需要的画笔形状，其他选项的设置如图4-65所示。在属性栏中将"强度"选项设为21%。在图像窗口中涂抹人物轮廓，效果如图4-66所示。

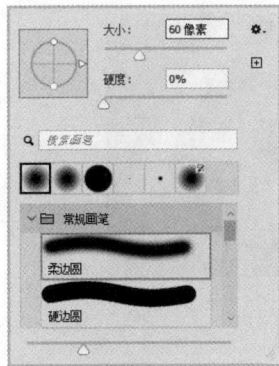  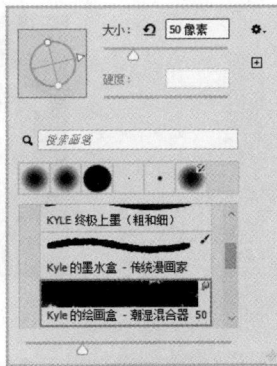 

图4-63　　　　　　　　　图4-64　　　　　　　　　图4-65　　　　　　　　　图4-66

05 按Ctrl+O快捷键，打开本书学习资源中的"Ch04\素材\修饰文化节海报\03"文件。选择移动工具 ，将"03"图片拖曳到"01"图像窗口中适当的位置，效果如图4-67所示。"图层"面板中生成新的图层，将其重命名为"文字"。

06 在"图层"面板中，将"文字"图层的"混合模式"选项设为"正片叠底"，如图4-68所示。按Enter键确定操作，效果如图4-69所示。文化节海报修饰完成。

图4-67　　　　　　　　　　图4-68　　　　　　　　　　图4-69

任务知识

4.2.1 模糊工具

选择模糊工具 ，其属性栏如图4-70所示。

图4-70

强度： 用于设置模糊效果的强度。**对所有图层取样：** 用于确定模糊工具是否对所有可见图层起作用。

选择模糊工具 ，在属性栏中进行设置，如图4-71所示。在图像窗口中拖曳鼠标，使图像产生模糊效果。原图像和模糊后的图像效果如图4-72和图4-73所示。

图4-71　　　　　　　　　　图4-72　　　　　　　　　　图4-73

4.2.2 锐化工具

选择锐化工具 ，其属性栏如图4-74所示。

图4-74

选择锐化工具 ，在属性栏中进行设置，如图4-75所示。在图像窗口中拖曳鼠标，使图像产生锐化效果。原图像和锐化后的图像效果如图4-76和图4-77所示。

图4-75　　　　　　　　　　图4-76　　　　　　　　　　图4-77

4.2.3　加深工具

选择加深工具 ，或反复按Shift+O快捷键切换到该工具，其属性栏如图4-78所示。

图4-78

选择加深工具 ，在属性栏中进行设置，如图4-79所示。在图像窗口中拖曳鼠标，使图像产生加深效果。原图像和加深后的图像效果如图4-80和图4-81所示。

图4-79　　　　　　　　　　图4-80　　　　　　　　　　图4-81

4.2.4　减淡工具

选择减淡工具 ，或反复按Shift+O快捷键切换到该工具，其属性栏如图4-82所示。

图4-82

范围：用于设置图像中要提高亮度的区域。**曝光度：**用于设置曝光的强度。

选择减淡工具 ，在属性栏中进行设置，如图4-83所示。在图像窗口中拖曳鼠标，使图像产生减淡效果。原图像和减淡后的图像效果如图4-84和图4-85所示。

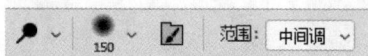

图4-83 图4-84 图4-85

4.2.5 海绵工具

选择海绵工具 ，或反复按Shift+O快捷键切换到该工具，其属性栏如图4-86所示。

图4-86

选择海绵工具 ，在属性栏中进行设置，如图4-87所示。在图像窗口中拖曳鼠标，改变图像的色彩饱和度。原图像和调整后的图像效果如图4-88和图4-89所示。

图4-87 图4-88 图4-89

4.2.6 涂抹工具

选择涂抹工具 ，其属性栏如图4-90所示。

图4-90

手指绘画： 用于设置是否用前景色进行涂抹。

选择涂抹工具 ，在属性栏中进行设置，如图4-91所示。在图像窗口中拖曳鼠标，使图像产生涂抹效果。原图像和涂抹后的图像效果如图4-92和图4-93所示。

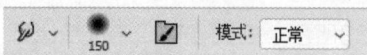

图4-91 图4-92 图4-93

任务4.3　掌握擦除工具

通过对任务实践的学习，读者可以掌握擦除工具在实践操作中的应用。通过对任务知识的学习，读者可以掌握不同擦除工具的使用方法和操作技巧。

任务实践　制作餐饮类宣传Banner

任务目标　学习使用擦除工具擦除多余的图像。

任务要点　使用橡皮擦工具擦除不需要的图像，使用移动工具添加图片和文字，使用椭圆选框工具、载入选区操作和羽化选区快捷键制作投影。最终效果参看学习资源中的"Ch04\效果\制作餐饮类宣传Banner.psd"，如图4-94所示。

图4-94

任务操作

01　按Ctrl+O快捷键，打开本书学习资源中的"Ch04\素材\制作餐饮类宣传Banner\01、02"文件。选择"02"图像窗口，如图4-95所示。选择橡皮擦工具，在属性栏中单击"画笔预设"选取器，在弹出的面板中将"大小"选项设为600像素，其他选项的设置如图4-96所示。在图像窗口中擦除不需要的部分，效果如图4-97所示。

图4-95

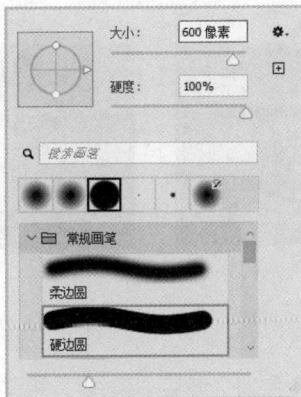

图4-96

图4-97

02 选择移动工具➕，将"02"图片拖曳到"01"图像窗口中适当的位置，效果如图4-98所示。"图层"面板中生成新的图层，将其重命名为"豆浆"。选择椭圆选框工具◯，在属性栏中将"羽化"选项设为30像素，在图像窗口中绘制椭圆选区，如图4-99所示。

03 按住Ctrl键的同时，单击"图层"面板下方的"创建新图层"按钮▣，在"豆浆"图层的下方新建图层，将其命名为"豆浆 阴影"。将前景色设为黑色，按Alt+Delete快捷键，用前景色填充选区。按Ctrl+D快捷键，取消选区，效果如图4-100所示。

图4-98

图4-99

图4-100

04 在"图层"面板中，将"豆浆 阴影"图层的"不透明度"选项设为80%，如图4-101所示。按Enter键确定操作，图像效果如图4-102所示。

图4-101

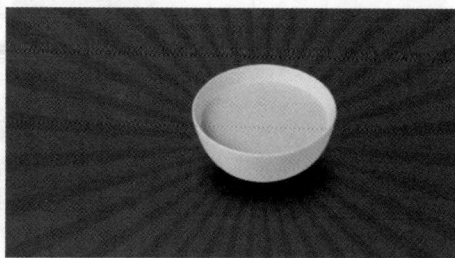

图4-102

05 选中"豆浆"图层。按Ctrl+O快捷键，打开本书学习资源中的"Ch04\素材\制作餐饮类宣传Banner\03、04"文件。选择移动工具➕，分别将"03""04"图片拖曳到"01"图像窗口中适当的位置，效果如图4-103所示。"图层"面板中生成两个新图层，将它们分别重命名为"黄豆""油条"。

06 选中"豆浆"图层。按住Ctrl键的同时，单击"黄豆"图层的缩览图，载入选区。选择椭圆选框工具◯，按住Shift键的同时，垂直向下拖曳选区到适当的位置，如图4-104所示。

图4-103

图4-104

07 按Shift+F6快捷键，弹出"羽化选区"对话框，各选项的设置如图4-105所示，单击"确定"按钮，效果如图4-106所示。新建图层并将其命名为"黄豆 阴影"。将前景色设为黑色，按Alt+Delete快捷键，用前景色填充选区。按Ctrl+D快捷键，取消选区，效果如图4-107所示。

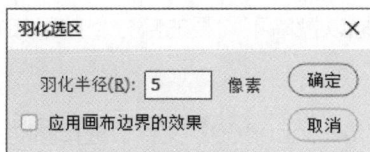

图4-105

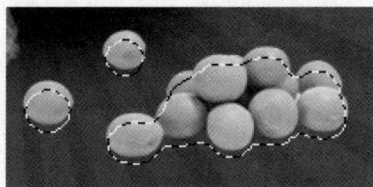

图4-106

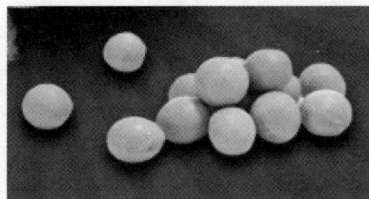

图4-107

08 在"图层"面板中，将"黄豆 阴影"图层的"不透明度"选项设为70%，如图4-108所示。按Enter键确定操作，图像效果如图4-109所示。

图4-108

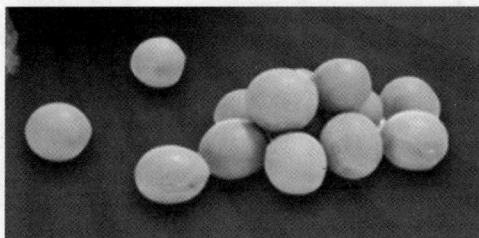

图4-109

09 选中"背景"图层。使用上述方法制作"油条 阴影"图层，图像效果如图4-110所示。

10 选中"油条"图层。按Ctrl+O快捷键，打开本书学习资源中的"Ch04\素材\制作餐饮类宣传Banner\05"文件。选择移动工具 ，将"05"图片拖曳到"01"图像窗口中适当的位置，效果如图4-111所示。"图层"面板中生成新的图层，将其重命名为"文字 1"。

图4-110

图4-111

11 选中"文字 1"图层。按住Ctrl键的同时，单击"豆浆"图层的缩览图，图像周围生成选区，如图4-112所示。

12 选择橡皮擦工具 ，在属性栏中单击"画笔预设"选取器，在弹出的面板中将"大小"选项设为60像素，其他选项的设置如图4-113所示。在图像窗口中拖曳鼠标以擦除不需要的部分，效果如图4-114所示。按Ctrl+D快捷键，取消选区。

图4-112

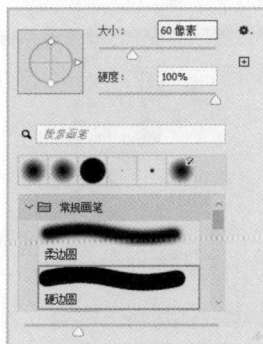

图4-113

图4-114

13 保持"文字 1"图层的选取状态。按住Ctrl键的同时，单击"油条"图层的缩览图，图像周围生成选区，效果如图4-115所示。选择橡皮擦工具 ，在图像窗口中拖曳鼠标以擦除不需要的部分，效果如图4-116所示。按Ctrl+D快捷键，取消选区。

14 按Ctrl+O快捷键，打开本书学习资源中的"Ch04\素材\制作餐饮类宣传Banner\06"文件。选择移动工具 ，将"06"图片拖曳到"01"图像窗口中适当的位置，效果如图4-117所示。"图层"面板中生成新的图层，将其重命名为"文字 2"。餐饮类宣传Banner制作完成。

图4-115

图4-116

图4-117

任务知识

4.3.1 橡皮擦工具

选择橡皮擦工具 ，或反复按Shift+E快捷键切换到该工具，其属性栏如图4-118所示。

图4-118

抹到历史记录： 勾选此复选框，将以"历史记录"面板中确定的图像状态来擦除图像。

选择橡皮擦工具 ，在图像窗口中拖曳鼠标，可以擦除图像。当图层为"背景"图层或锁定了透明区域的图层时，擦除的图像显示为背景色，效果如图4-119所示。当图层为普通图层时，擦除的图像显示为透明的，效果如图4-120所示。

图4-119

图4-120

4.3.2　背景橡皮擦工具

选择背景橡皮擦工具 ，或反复按Shift+E快捷键切换到该工具，其属性栏如图4-121所示。

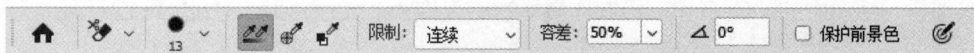

图4-121

限制：用于选择擦除界限。**容差：**用于设置容差值。**保护前景色：**勾选此复选框后，可保护前景色不被擦除。

选择背景橡皮擦工具 ，在属性栏中进行设置，如图4-122所示。在图像窗口中拖曳鼠标，可以擦除图像。擦除前后的对比效果如图4-123和图4-124所示。

图4-122

图4-123

图4-124

4.3.3　魔术橡皮擦工具

选择魔术橡皮擦工具 ，或反复按Shift+E快捷键切换到该工具，其属性栏如图4-125所示。

连续：勾选此复选框后，仅擦除连续像素。**对所有图层取样：**勾选此复选框后，取样将作用于所有图层。

选择魔术橡皮擦工具 ，保持属性栏中的选项为默认状态，打开图4-123所示的图片，在图像窗口中擦除图像，效果如图4-126所示。

图4-125

图4-126

项目实践 制作夏季饮品宣传Banner

项目要点 使用移动工具添加素材图片，使用画笔工具绘制背景，使用橡皮擦工具擦除不需要的文字。最终效果参看学习资源中的"Ch04\效果\制作夏季饮品宣传Banner.psd"，如图4-127所示。

图4-127

课后习题 制作古琴音乐会手机海报

习题要点 使用涂抹工具涂抹背景，使用减淡工具提亮人物面部、衣服和琴弦，使用模糊工具模糊人物头发边缘，使用橡皮擦工具擦除不需要的图像。最终效果参看学习资源中的"Ch04\效果\制作古琴音乐会手机海报.psd"，如图4-128所示。

图4-128

项目 5

绘制图形及路径

本项目主要介绍绘制图形及路径的方法。通过学习本项目内容，读者可以快速地绘制所需路径并对路径进行修改和编辑，还可应用绘图工具绘制出各种图形，提高绘图效率。

学习目标

● 熟练掌握绘制图形的技巧。

● 熟练掌握绘制和编辑路径的方法。

技能目标

● 掌握科技大会邀请函的制作方法。

● 掌握运动产品App主页Banner的制作方法。

● 掌握春分节气宣传海报的制作方法。

素养目标

● 培养观察和分析对象特点的能力。

● 培养不断丰富专业知识的能力。

● 培养快速绘制图形及路径的能力。

任务5.1 掌握图形的绘制

通过对任务实践的学习，读者可以掌握绘图工具在实践操作中的应用。通过对任务知识的学习，读者可以掌握不同绘图工具的具体操作方法。

任务实践 制作科技大会邀请函

任务目标 学习使用不同的绘图工具绘制各种图形，使用路径选择工具调整图形位置。

任务要点 使用"置入嵌入对象"命令置入素材图片，使用椭圆工具、矩形工具和路径选择工具绘制装饰图形，使用移动工具添加文字。最终效果参看学习资源中的"Ch05\效果\制作科技大会邀请函.psd"，如图5-1所示。

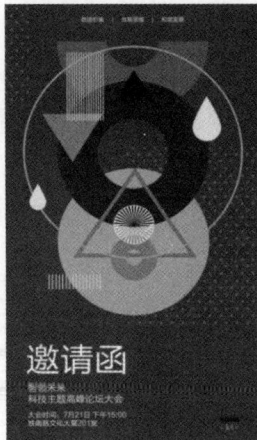

图5-1

任务操作

01 按Ctrl+N快捷键，弹出"新建文档"对话框，设置宽度为1080像素，高度为1920像素，分辨率为72像素/英寸，颜色模式为RGB颜色，背景内容为紫色（121、97、207），单击"创建"按钮，新建一个文件，如图5-2所示。

02 选择"文件 > 置入嵌入对象"命令，弹出"置入嵌入的对象"对话框，选择本书学习资源中的"Ch05\素材\制作科技大会邀请函\01"文件，单击"置入"按钮，将图片置入图像窗口中，并将其拖曳到适当的位置，按Enter键确定操作，效果如图5-3所示。"图层"面板中生成新的图层，将其重命名为"点"。将"点"图层的"不透明度"选项设为25%，如图5-4所示。按Enter键确定操作，图像效果如图5-5所示。

图5-2

图5-3

图5-4

图5-5

03 选择移动工具 ⊕，按住Alt键的同时，拖曳"点"图像到适当的位置，复制图像，效果如图5-6所示。"图层"面板中生成新的图层"点 拷贝"。选择椭圆工具 ◯，在属性栏的"选择工具模式"下拉列表中选择"形状"选项，将"填充"颜色设为深紫色（111、63、162），"描边"颜色设为无。按住Shift键的同时，在图像窗口中绘制一个圆形，效果如图5-7所示。"图层"面板中生成新的形状图层"椭圆1"。

04 按住Alt+Shift快捷键的同时，拖曳鼠标以绘制形状，效果如图5-8所示。选择路径选择工具 ▸，按住Shift键的同时，单击外侧的圆形，将其同时选取。在属性栏中单击"路径对齐方式"按钮 ▣，在弹出的面板中分别单击"水平居中对齐"按钮 ▣ 和"垂直居中对齐"按钮 ▣，效果如图5-9所示。

 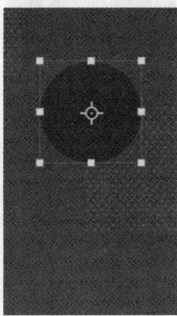 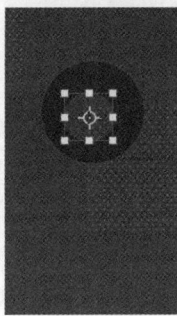 

图5-6   图5-7   图5-8   图5-9

05 选择移动工具 ⊕，按住Alt+Shift快捷键的同时，将"椭圆1"形状垂直向下拖曳到适当的位置，复制形状，如图5-10所示。"图层"面板中生成新的形状图层"椭圆1 拷贝"。选择路径选择工具 ▸，按住Shift键的同时，单击外侧的圆形，取消选取。按Delete键，弹出提示对话框，单击"是"按钮，删除内侧圆形，效果如图5-11所示。

06 保持路径选择工具 ▸ 的选取状态，在属性栏中将"填充"颜色设为橙色（255、185、72），效果如图5-12所示。在"图层"面板中，将"椭圆1 拷贝"图层拖曳到"椭圆1"图层的下方，效果如图5-13所示。

 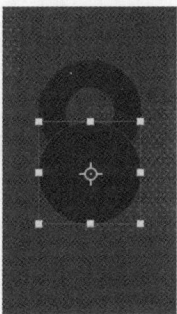 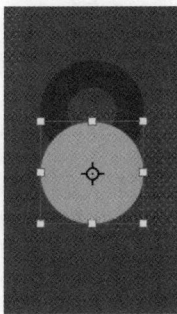 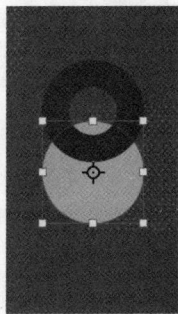

图5-10   图5-11   图5-12   图5-13

07 使用上述方法复制"椭圆1"形状到适当的位置，如图5-14所示。"图层"面板中生成新的形状图层"椭圆1 拷贝 2"，将其拖曳到"椭圆1"图层的下方。按住Shift键的同时，使用路径选择工具 ▸ 单击外侧的圆形，取消选取。按住Alt+Shift快捷键的同时，向内拖曳内侧圆形到适当的位置，并调整其大小，效果如图5-15所示。

08 选择矩形工具 ▢，按住Alt键的同时，拖曳鼠标以绘制形状，效果如图5-16所示。选择路径选择工具 ▸，选中下方的形状，在属性栏中将"填充"颜色设为粉红色（253、76、84），效果如图5-17所示。

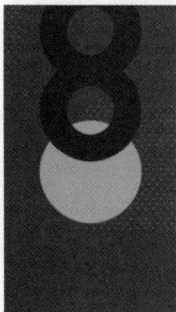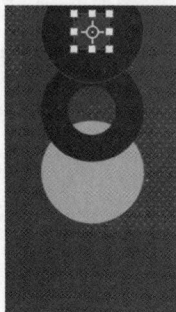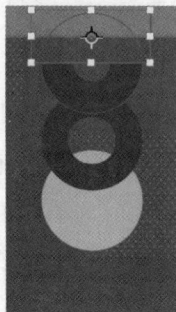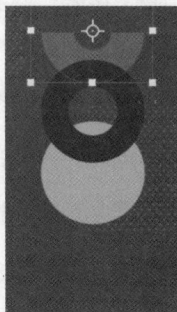

图5-14　　　　　　图5-15　　　　　　图5-16　　　　　　图5-17

09 选择"文件 > 置入嵌入对象"命令，弹出"置入嵌入的对象"对话框，选择本书学习资源中的"Ch05\素材\制作科技大会邀请函\02"文件，单击"置入"按钮，将图片置入图像窗口中，并将其拖曳到适当的位置，按Enter键确定操作，效果如图5-18所示。"图层"面板中生成新的图层，将其重命名为"装饰"。

10 使用上述方法置入"03"文件，效果如图5-19所示。"图层"面板中生成新的图层，将其重命名为"文字"。科技大会邀请函制作完成。

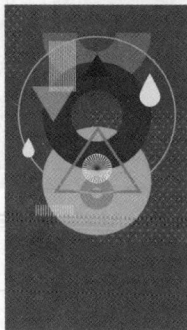

图5-18　　　　　　图5-19

任务知识

5.1.1 矩形工具

选择矩形工具 ▢，或反复按Shift+U快捷键切换到该工具，其属性栏如图5-20所示。

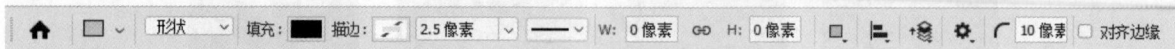

图5-20

形状 ▾：用于选择矩形工具的模式，包括"形状""路径"和"像素"选项。填充:▇ 描边:✎ 2.5像素 ▾ —— ：用于设置矩形的填充颜色、描边颜色、描边宽度和描边类型。W: 0像素 ⟷ H: 0像素：用于设置矩形的宽度和高度。▢ ┠ ┿：用于设置路径的组合方式、对齐方式和排列方式。✿：单击此按钮，可在打开的面板中设置所绘制矩形的形状。⌒ 10像素：用于设置圆角的半径。**对齐边缘：**用于设置边缘是否对齐。

打开一张图片，如图5-21所示。在图像窗口中绘制矩形，效果如图5-22所示，"图层"面板如图5-23所示。按住Shift键的同时，可以在图像窗口中绘制正方形。

图5-21

图5-22

图5-23

　　将鼠标指针移动到绘制好的矩形的上、下、左、右4个边角构件处，鼠标指针变为形状，如图5-24所示。向内拖曳其中任意一个边角构件，如图5-25所示，可对矩形角进行变形，松开鼠标左键后的效果如图5-26所示。

图5-24

图5-25

图5-26

　　将鼠标指针移动到右上方的边角构件上，按住Alt键的同时将其向内拖曳，如图5-27所示，对右上边角单独进行变形，松开鼠标左键后的效果如图5-28所示。按住Alt键的同时向外拖曳左下方的边角构件，松开鼠标左键后的效果如图5-29所示。

图5-27

图5-28

图5-29

5.1.2　椭圆工具

　　选择椭圆工具，或反复按Shift+U快捷键切换到该工具，其属性栏如图5-30所示。

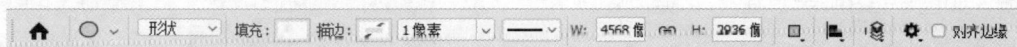
图5-30

打开一张图片。在图像窗口中绘制椭圆形，效果如图5-31所示，"图层"面板如图5-32所示。按住Shift键的同时，可以在图像窗口中绘制圆形。

图5-31　　　　　　　　　图5-32

5.1.3　三角形工具

选择三角形工具 △，或反复按Shift+U快捷键切换到该工具，其属性栏如图5-33所示。

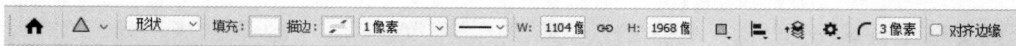

图5-33

打开一张图片。在图像窗口中绘制三角形，效果如图5-34所示。将鼠标指针移到边角构件上，向内拖曳鼠标，效果如图5-35所示，"图层"面板如图5-36所示。

图5-34　　　　　　图5-35　　　　　　图5-36

5.1.4　多边形工具

选择多边形工具 ◎，或反复按Shift+U快捷键切换到该工具，其属性栏如图5-37所示。此属性栏中的内容与矩形工具属性栏的内容类似，只增加了"边"选项，用于设置多边形的边数。

图5-37

打开一张图片。单击属性栏中的 ✿ 按钮，在弹出的面板中进行设置，如图5-38所示。在图像窗口中绘制星形，效果如图5-39所示，"图层"面板如图5-40所示。

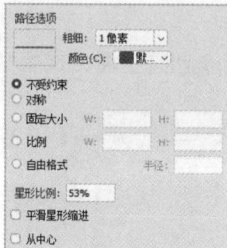

图5-38　　　　　　图5-39　　　　　　图5-40

5.1.5 直线工具

选择直线工具 /，或反复按Shift+U快捷键切换到该工具，其属性栏如图5-41所示。此属性栏中的内容与矩形工具属性栏的内容类似，只增加了"粗细"选项，用于设置直线段的宽度。

图5-41

单击属性栏中的 ✿ 按钮，会弹出面板，如图5-42所示。

实时形状控件：用于启用画布变换控件，以便调整直线段和箭头。**起点：**勾选此复选框，将在直线段始端添加箭头。**终点：**勾选此复选框，将在直线段末端添加箭头。**宽度：**用于设置箭头的宽度。**长度：**用于设置箭头的长度。**凹度：**用于设置箭头的形状。

打开一张图片，如图5-43所示。在图像窗口中绘制不同效果的线，如图5-44所示，"图层"面板如图5-45所示。

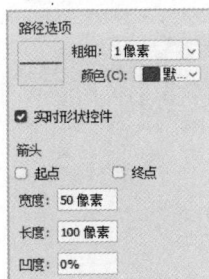

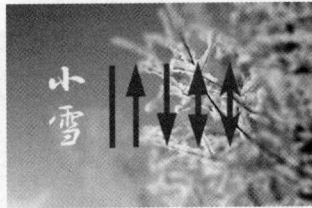

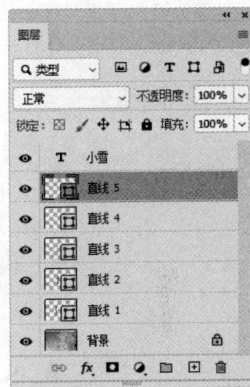

| 图5-42 | 图5-43 | 图5-44 | 图5-45 |

提示 按住Shift键的同时拖曳鼠标，可以绘制水平或竖直的直线段。

5.1.6 自定形状工具

选择自定形状工具 ⬡，或反复按Shift+U快捷键切换到该工具，其属性栏如图5-46所示。其属性栏中的内容与矩形工具属性栏的内容类似，只是少了设置圆角的半径的选项，增加了"形状"按钮，单击此按钮，可在弹出的面板中选择所需的形状，如图5-47所示。

图5-46

选择"窗口 > 形状"命令，弹出"形状"面板，如图5-48所示。单击"形状"面板右上方的 ▤ 按钮，会弹出面板菜单，如图5-49所示。选择"旧版形状及其他"命令即可添加旧版形状至该面板，如图5-50所示。

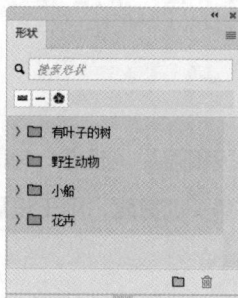

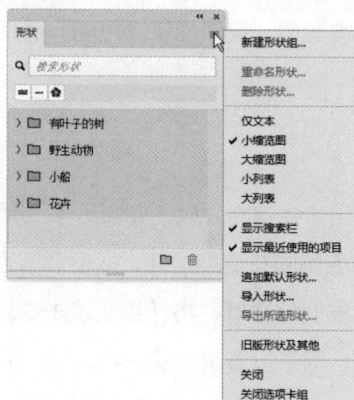

图5-47　　　　　　　　图5-48　　　　　　　　　图5-49　　　　　　　　图5-50

打开一个文件。单击"形状"按钮，在弹出的面板中选择"旧版形状及其他 > 所有旧版默认形状 > 艺术纹理"中的图形，如图5-51所示。在图像窗口中绘制形状图形，效果如图5-52所示，"图层"面板如图5-53所示。

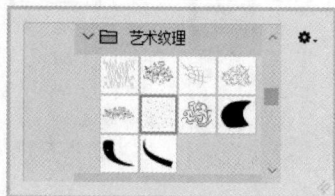

图5-51　　　　　　　　　图5-52　　　　　　　　　图5-53

隐藏"艺术效果 61"图层。打开另一个文件，将其中的雪花形状路径拖曳到当前文件中，效果如图5-54所示。选择"编辑 > 定义自定形状"命令，弹出"形状名称"对话框，在"名称"文本框中输入自定形状的名称，如图5-55所示，单击"确定"按钮。单击"形状"按钮，在弹出的面板中会显示刚才定义的形状，如图5-56所示。

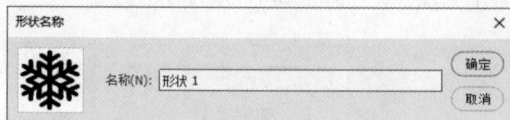

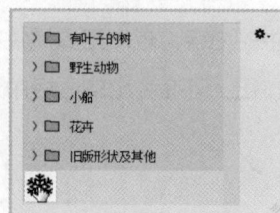

图5-54　　　　　　　　　　图5-55　　　　　　　　　　图5-56

5.1.7 "属性"面板

绘制图形后，可以使用"属性"面板调整图形的大小、位置、填色、描边等属性，如图5-57所示。

W/H： 用于设置图形的宽度和高度。**X/Y：** 用于设置图形的水平和垂直位置。**填色：** 用于设置图形的填充颜色。**描边：** 用于设置图形的描边颜色。■ 1像素 ：用于设置描边宽度和描边样式。：用于设置描边与路径的对齐方式、描边的端点样式和路径转折处的样式。：用于设置路径的组合方式。

图5-57

任务5.2　掌握路径的绘制

通过对任务实践的学习，读者可以掌握路径绘制工具在实践操作中的应用。通过对任务知识的学习，读者可以掌握不同路径绘制工具的具体操作方法。

任务实践　制作运动产品App主页Banner

任务目标　学习使用不同的路径绘制工具绘制并调整路径。

任务要点　使用钢笔工具、添加锚点工具和直接选择工具绘制并调整路径，使用快捷键将路径转换为选区，使用移动工具添加鞋和文字，使用画笔工具为图片添加阴影效果。最终效果参看学习资源中的"Ch05\效果\制作运动产品App主页Banner.psd"，如图5-58所示。

图5-58

任务操作

01 按Ctrl+N快捷键，弹出"新建文档"对话框，设置宽度为1920像素，高度为800像素，分辨率为72像素/英寸，颜色模式为RGB颜色，背景内容为青绿色（145、229、204），单击"创建"按钮，新建一个文件，如图5-59所示。

02 按Ctrl+O快捷键，打开本书学习资源中的"Ch05\素材\制作运动产品App主页Banner\01"文件。选择移动工具 ⊕，将"01"图片拖曳到新建的图像窗口中适当的位置，如图5-60所示。"图层"面板中生成新的图层，将其重命名为"装饰"。

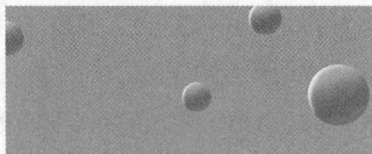

图5-59　　　　　　　　　　　图5-60

03 按Ctrl+O快捷键，打开本书学习资源中的"Ch05\素材\制作运动产品App主页Banner\02"文件，如图5-61所示。选择钢笔工具 ✐，在属性栏的"选择工具模式"下拉列表中选择"路径"选项，在图像窗口中沿着产品轮廓绘制路径，如图5-62所示。

04 按住Ctrl键，钢笔工具 ✐转换为直接选择工具 ▶，如图5-63所示。拖曳路径中的锚点，改变路径的弧度，如图5-64所示。

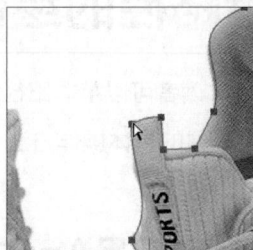
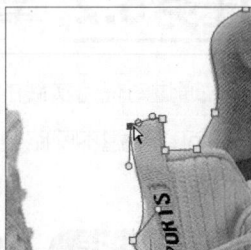

图5-61　　　　　　图5-62　　　　　　图5-63　　　　　　图5-64

05 将鼠标指针移到路径上，钢笔工具 ✐转换为添加锚点工具 ✐，如图5-65所示，在路径上单击以添加锚点，如图5-66所示。按住Ctrl键，钢笔工具 ✐转换为直接选择工具 ▶，拖曳路径中锚点的控制手柄，改变路径的弧度，如图5-67所示。

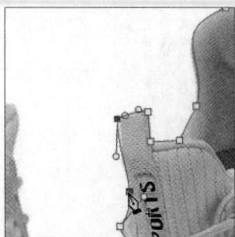
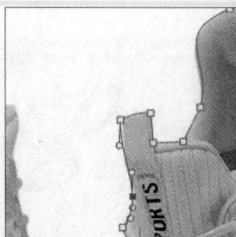
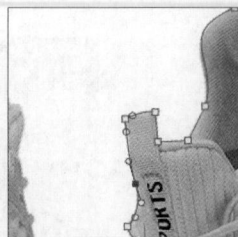

图5-65　　　　　　图5-66　　　　　　图5-67

06 使用相同的方法分别调整锚点和路径，效果如图5-68所示。使用上述方法绘制另一只鞋子的路径，如图5-69所示。单击属性栏中的"路径操作"按钮 ▣，在弹出的下拉列表中选择"排除重叠形状"选项 ▣，在适当的位置再绘制两个路径，如图5-70所示。按Ctrl+Enter快捷键，将路径转换为选区，如图5-71所示。

图5-68

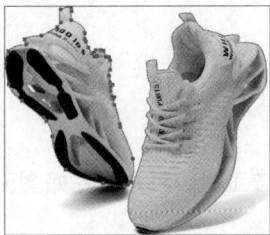

图5-69

图5-70

图5-71

07 选择移动工具 ，将选区中的图像拖曳到新建的图像窗口中适当的位置，效果如图5-72所示。"图层"面板中生成新的图层，将其重命名为"运动鞋"。按Ctrl+T快捷键，图像周围出现变换框，拖曳右上角的控制手柄以放大图片，按Enter键确定操作，效果如图5-73所示。

图5-72

图5-73

08 按住Ctrl键的同时，单击"图层"面板下方的"创建新图层"按钮 ，在"运动鞋"图层下方新建图层，将其命名为"影子"。将前景色设为墨绿色（18、70、1）。

09 选择画笔工具 ，在属性栏中单击"画笔预设"选取器，在弹出的面板中选择需要的画笔形状，其他选项的设置如图5-74所示。在属性栏中将"流量"选项设为50%，在图像窗口中拖曳鼠标以绘制图像，如图5-75所示。使用相同的方法制作"投影"图层，效果如图5-76所示。

图5-74

图5-75

图5-76

10 按Ctrl + O快捷键，打开本书学习资源中的"Ch05\素材\制作运动产品App主页Banner\03"文件。选择移动工具 ，将"03"图片拖曳到新建的图像窗口中适当的位置，效果如图5-77所示。"图层"面板中生成新的图层，将其重命名为"文字"。运动产品App主页Banner制作完成。

图5-77

任务知识

5.2.1 钢笔工具

选择钢笔工具 ⌀，或反复按Shift+P快捷键切换到该工具，其属性栏如图5-78所示。

图5-78

按住Shift键创建锚点时，系统将强制以45°或45°的整数倍的角度绘制路径。当把鼠标指针移到锚点上时，按住Alt键，会暂时将钢笔工具 ⌀ 转换为转换点工具 ⌐；按住Ctrl键，会暂时将钢笔工具 ⌀ 转换为直接选择工具 ▷。

1. 绘制直线段

打开一个文件，选择钢笔工具 ⌀，在属性栏的"选择工具模式"下拉列表中选择"路径"选项，使用钢笔工具 ⌀ 绘制的将是路径；如果选择"形状"选项，将绘制出形状图形。默认勾选"自动添加/删除"复选框，可以在路径上自动添加和删除锚点。

在图像中的任意位置单击，创建一个锚点，将鼠标指针移到其他位置再次单击，创建第2个锚点，两个锚点之间自动以直线段进行连接，如图5-79所示。再将鼠标指针移到其他位置并单击，创建第3个锚点，系统将在第2个和第3个锚点之间生成一条新的直线段路径，如图5-80所示。

将鼠标指针移至第2个锚点上，钢笔工具 ⌀ 将暂时转换成删除锚点工具 ⌀，如图5-81所示；在锚点上单击，即可将第2个锚点删除，如图5-82所示。

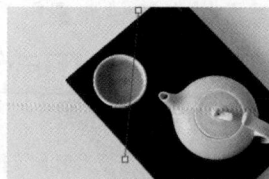

图5-79 　　　　　　图5-80 　　　　　　图5-81 　　　　　　图5-82

2. 绘制曲线段

选择钢笔工具 ⌀，单击以建立锚点，在其他位置再次单击以建立新的锚点并按住鼠标左键不放，拖曳鼠标，建立曲线段和曲线锚点，如图5-83所示；松开鼠标左键，按住Alt键的同时单击刚建立的曲线锚点，如图5-84所示，将其转换为直线锚点；在其他位置再次单击以建立一个新的锚点，在曲线段后绘制出直线段，如图5-85所示。

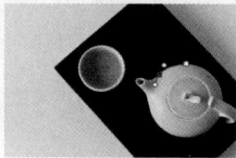

图5-83 　　　　　　图5-84 　　　　　　图5-85

5.2.2 自由钢笔工具

选择自由钢笔工具 ⌀，或反复按Shift+P快捷键切换到该工具，其属性栏如图5-86所示。

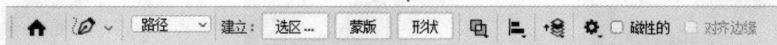

图5-86

在图像中按住鼠标左键，确定第1个锚点，沿图像轮廓小心地拖曳鼠标，确定其他的锚点，如图5-87所示。如果在绘制过程中存在误差，只需要使用其他的路径工具对路径进行修改和调整，就可以接着最后一个锚点继续绘制，如图5-88所示。

图5-87

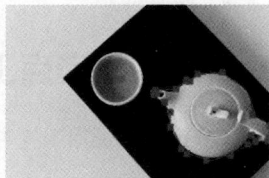

图5-88

5.2.3 弯度钢笔工具

选择弯度钢笔工具 ⌀，其属性栏如图5-89所示。

图5-89

在图像中单击以建立第1个锚点，如图5-90所示，在适当的位置再次单击以绘制第2个锚点，此时两个锚点间显示为直线段，如图5-91所示。再次在适当的位置单击以绘制第3个锚点，刚绘制的3个锚点间则全部以曲线段连接，如图5-92所示。

图5-90

图5-91

图5-92

提示 使用弯度钢笔工具时，单击可绘制出曲线锚点，双击可绘制出直线锚点。

5.2.4 添加锚点工具

选择钢笔工具 ⌀，将鼠标指针移到路径上，若此处没有锚点，则钢笔工具 ⌀转换成添加锚点工具 ⌀，如图5-93所示。在路径上单击可以添加一个锚点，效果如图5-94所示；如果单击后按住鼠标左键不放，向下拖曳鼠标，可以建立曲线段和曲线锚点，效果如图5-95所示。

图5-93

图5-94

图5-95

5.2.5 删除锚点工具

选择钢笔工具 ，将鼠标指针移到路径的锚点上，则钢笔工具 转换成删除锚点工具 ，如图5-96所示。单击锚点可以将其删除，效果如图5-97所示。

选择钢笔工具 ，将鼠标指针移到曲线路径的锚点上，单击锚点也可以将其删除。

图5-96

图5-97

5.2.6 转换点工具

选择钢笔工具 ，在图像窗口中绘制一个三角形路径，当要闭合路径时鼠标指针变为 形状，如图5-98所示。单击即可闭合路径，完成三角形路径的绘制，如图5-99所示。

图5-98

图5-99

选择转换点工具 ，将鼠标指针放置在三角形路径左下角的锚点上，如图5-100所示；将其向右上方拖曳形成曲线锚点，如图5-101所示。使用相同的方法将三角形路径的其他锚点转换为曲线锚点，效果如图5-102所示。

图5-100

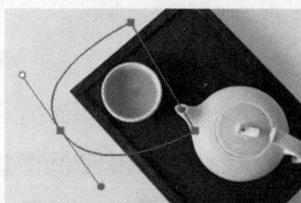
图5-101

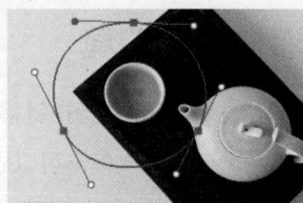
图5-102

任务5.3　掌握路径的编辑

　　通过对任务实践的学习，读者可以掌握路径编辑工具在实践操作中的应用。通过对任务知识的学习，读者可以掌握不同路径编辑工具、"路径"面板的具体操作方法。

任务实践　制作春分节气宣传海报

任务目标　学习使用不同的路径编辑工具绘制并调整路径。

任务要点　使用弯度钢笔工具和直接选择工具绘制路径，使用"路径"面板、填充和羽化快捷键制作阴影，使用移动工具添加文字。最终效果参看学习资源中的"Ch05\效果\制作春分节气宣传海报.psd"，如图5-103所示。

图5-103

任务操作

01　按Ctrl+O快捷键，打开本书学习资源中的"Ch05\素材\制作春分节气宣传海报\01"文件，如图5-104所示。选择弯度钢笔工具，在属性栏中的"选择工具模式"下拉列表中选择"形状"选项，将"填充"颜色设为绿色（57、196、2），在图像窗口中多次单击以绘制形状，如图5-105所示。"图层"面板中生成新的形状图层"形状 1"。

02　单击"路径"面板下方的"将路径作为选区载入"按钮，将路径转换为选区，如图5-106所示。按住Ctrl键的同时，单击"图层"面板下方的"创建新图层"按钮，在"形状 1"图层的下方新建图层，将其重命名为"阴影1"。

图5 104　　　　　　　图5-105　　　　　　　图5-106

03 按Shift+F6快捷键，弹出
"羽化选区"对话框，各选项
的设置如图5-107所示。单击
"确定"按钮，效果如图5-108
所示。将前景色设为黑色，按
Alt+Delete快捷键，用前景色填
充选区，效果如图5-109所示。
按Ctrl+D快捷键，取消选区。

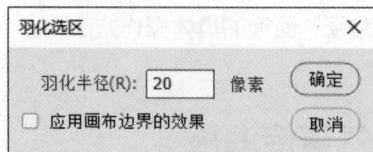

图5-107　　　　　图5-108　　　图5-109

04 在"图层"面板中，将"阴影 1"图层的"不透明度"选项设为85%，如图5-110所示。按Enter键确
定操作，效果如图5-111所示。

05 选中"形状 1"图层，按Ctrl+J快捷键，复制图层，"图层"面板中生成新的形状图层"形状 1 拷
贝"。选择弯度钢笔工具 ⌀，在属性栏中将"填充"颜色设为深绿色（40、130、5），如图5-112所
示。选择移动工具 ⊕，在图像窗口中拖曳形状到适当的位置，如图5-113所示。

   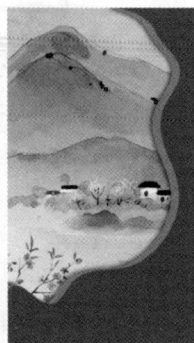

图5-110　　　　　　图5-111　　　　　图5-112　　　　　图5-113

06 选择弯度钢笔工具 ⌀，按住Ctrl键，弯度钢笔工具 ⌀ 转换为直接选择工具 ▸，如图5-114所示。在路
径上单击以显示锚点，如图5-115所示。使用弯度钢笔工具 ⌀ 拖曳锚点，改变路径弧度，效果如图5-116
所示。单击"路径"面板下方的"将路径作为选区载入"按钮 ○，将路径转换为选区，如图5-117所示。

 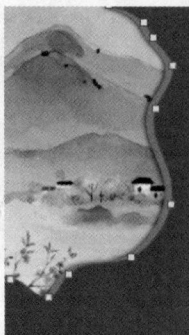  

图5-114　　　　　图5-115　　　　　图5-116　　　　　图5-117

07 按住Ctrl键的同时，单击"图层"面板下方的"创建新图层"按钮▣，在"形状 1 拷贝"图层的下方新建图层，将其命名为"阴影 2"。按Shift+F6快捷键，弹出"羽化选区"对话框，各选项的设置如图5-118所示。单击"确定"按钮，效果如图5-119所示。将前景色设为黑色，按Alt+Delete快捷键，用前景色填充选区，效果如图5-120所示。按Ctrl+D快捷键，取消选区。

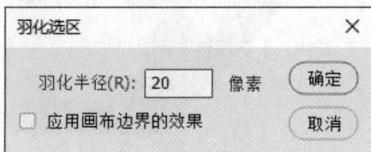

图5-118　　　　　图5-119　　　　图5-120

08 在"图层"面板中，将"阴影 2"图层的"不透明度"选项设为85%，如图5-121所示。按Enter键确定操作，效果如图5-122所示。

09 使用上述方法复制、调整形状并制作阴影，效果如图5-123所示。按Ctrl+O快捷键，打开本书学习资源中的"Ch05\素材\制作春分节气宣传海报\02"文件。选择移动工具❖，将"02"图像拖曳到新建的图像窗口中，如图5-124所示。"图层"面板中生成新的图层，将其重命名为"文字"。春分节气宣传海报制作完成。

图5-121　　　　　图5-122　　　　　图5-123　　　　　图5-124

任务知识

5.3.1　路径选择工具

使用路径选择工具可以选择单个或多个路径，还可以组合、对齐和分布路径。

选择路径选择工具▶，或反复按Shift+A快捷键切换到该工具，其属性栏如图5-125所示。

图5-125

选择：用于设置所选路径所在的图层。**约束路径拖动：**勾选此复选框，可以只移动两个锚点间的路径，其他路径不受影响。

5.3.2 直接选择工具

使用直接选择工具可以移动路径中的锚点或线段，还可以调整控制手柄和控制点。

路径的原始效果如图5-126所示。选择直接选择工具 ▶，或反复按Shift+A快捷键切换到该工具，拖曳路径中的锚点改变路径的弧度，如图5-127所示。

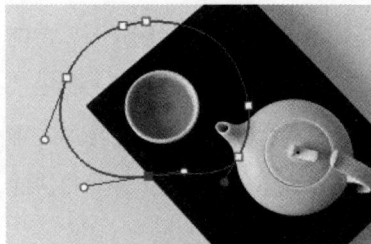

图5-126　　　　　　　　　　　　　图5-127

5.3.3 "路径"面板

绘制一条路径。选择"窗口 > 路径"命令，弹出"路径"面板，如图5-128所示。单击"路径"面板右上方的 ≡ 按钮，会弹出面板菜单，如图5-129所示。在"路径"面板的底部有7个按钮，如图5-130所示。

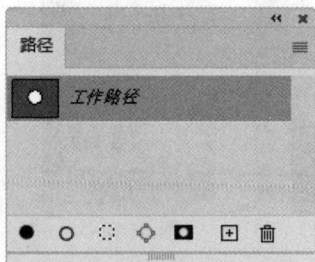
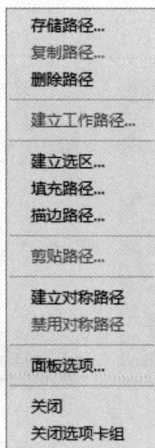

图5-128　　　　　　图5-129　　　　　　　　　图5-130

用前景色填充路径 ●：单击此按钮，将对当前选中的路径进行填充。如果被填充的路径是由曲线段或多条直线段组成的开放路径，Photoshop将自动把路径的两个端点以直线段连接，然后进行填充；如果是一条直线段（开放路径），则不能进行填充。按住Alt键的同时单击此按钮，将弹出"填充路径"对话框。

用画笔描边路径 ○：单击此按钮，将使用前景色和已在"描边路径"对话框中设置的工具或默认的铅笔工具对路径进行描边。按住Alt键的同时单击此按钮，将弹出"描边路径"对话框。

将路径作为选区载入 ⦂：单击此按钮，将把当前路径所选取的范围转换为选区。按住Alt键的同时单击此按钮，将弹出"建立选区"对话框。

从选区生成工作路径 ◇：单击此按钮，将把当前的选区转换成路径。按住Alt键的同时单击此按钮，将弹出"建立工作路径"对话框。

添加图层蒙版 ▫：用于为当前图层添加蒙版。

创建新路径 ▫：用于创建一个新的路径。按住Alt键的同时单击此按钮，将弹出"新建路径"对话框。

删除当前路径 ▭：用于删除当前路径。直接拖曳"路径"面板中的路径到此按钮上，可将其删除。

5.3.4　选区和路径的转换

1. 将选区转换为路径

在图像中绘制选区，如图5-131所示。单击"路径"面板右上方的 ▤ 按钮，在弹出的面板菜单中选择"建立工作路径"命令，会弹出"建立工作路径"对话框，如图5-132所示，"容差"选项用于设置转换时的误差允许范围，数值越小越精确，路径上的锚点也越多，如果要编辑生成的路径，在此处设置的数值最好为2。单击"确定"按钮，可将选区转换为路径，效果如图5-133所示。

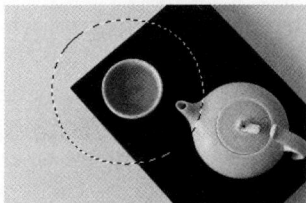
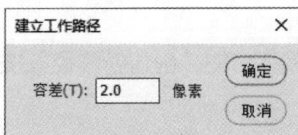

图5-131　　　　　　　　　　　图5-132　　　　　　　　　　　图5-133

单击"路径"面板下方的"从选区生成工作路径"按钮 ◈，也可将选区转换为路径。

2. 将路径转换为选区

在图像中创建路径，如图5-134所示。单击"路径"面板右上方的 ▤ 按钮，在弹出的面板菜单中选择"建立选区"命令，会弹出"建立选区"对话框，如图5-135所示。设置完成后，单击"确定"按钮，可将路径转换为选区，如图5-136所示。

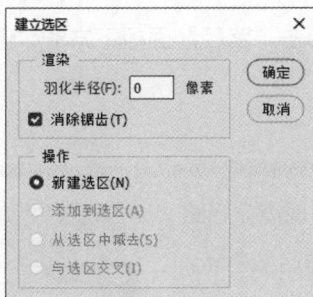
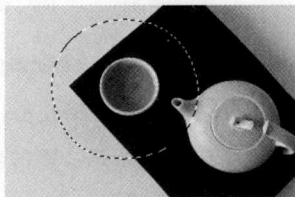

图5-134　　　　　　　　　　　图5-135　　　　　　　　　　　图5-136

单击"路径"面板下方的"将路径作为选区载入"按钮 ◌，也可将路径转换为选区。

5.3.5 新建路径

单击"路径"面板右上方的▤按钮，会弹出面板菜单，选择"新建路径"命令，会弹出"新建路径"对话框，如图5-137所示，可在"名称"文本框中设置新路径的名称。

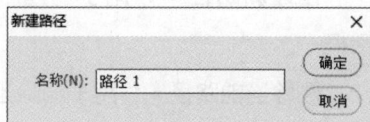

图5-137

单击"路径"面板下方的"创建新路径"按钮▣，也可以创建一个新路径。按住Alt键的同时单击"创建新路径"按钮▣，将弹出"新建路径"对话框，设置完成后，单击"确定"按钮也可以创建路径。

5.3.6 复制、删除、重命名路径

1. 复制路径

单击"路径"面板右上方的▤按钮，会弹出面板菜单，选择"复制路径"命令，会弹出"复制路径"对话框，如图5-138所示，在"名称"文本框中可设置复制出的路径的名称。单击"确定"按钮，复制路径，"路径"面板如图5-139所示。

将要复制的路径拖曳到"路径"面板下方的"创建新路径"按钮▣上，即可复制所选的路径。

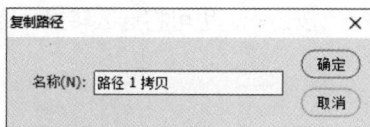

图5-138

图5-139

2. 删除路径

单击"路径"面板右上方的▤按钮，会弹出面板菜单，选择"删除路径"命令，即可将当前路径删除。也可以选择需要删除的路径，单击"路径"面板下方的"删除当前路径"按钮▣，将选中的路径删除。

3. 重命名路径

双击"路径"面板中的路径名，出现重命名路径文本框，如图5-140所示，更改名称后按Enter键确定操作即可，如图5-141所示。

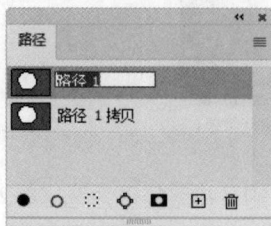

图5-140

图5-141

5.3.7 填充路径

在图像中创建路径，如图5-142所示。单击"路径"面板右上方的▤按钮，在弹出的面板菜单中选择"填充路径"命令，会弹出"填充路径"对话框，如图5-143所示。设置完成后，单击"确定"按钮，效果如图5-144所示。

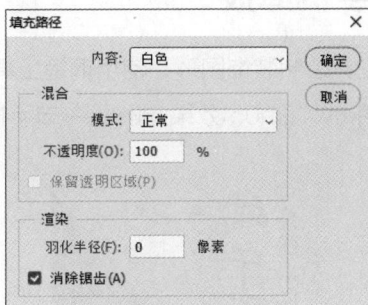

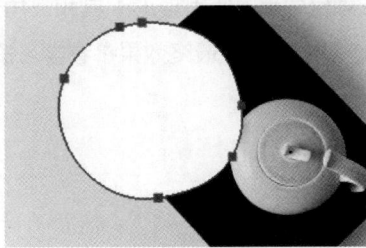

图5-142 图5-143 图5-144

单击"路径"面板下方的"用前景色填充路径"按钮●，也可以填充路径。按住Alt键的同时，单击"用前景色填充路径"按钮●，将弹出"填充路径"对话框，设置完成后，单击"确定"按钮，也可以填充路径。

5.3.8 描边路径

在图像中创建路径，如图5-145所示。单击"路径"面板右上方的▤按钮，在弹出的面板菜单中选择"描边路径"命令，会弹出"描边路径"对话框，如图5-146所示。"工具"下拉列表中共有19种工具可供选择，若选择了画笔工具，在画笔工具属性栏中设置的画笔类型将直接影响路径的描边效果。单击"确定"按钮，效果如图5-147所示。

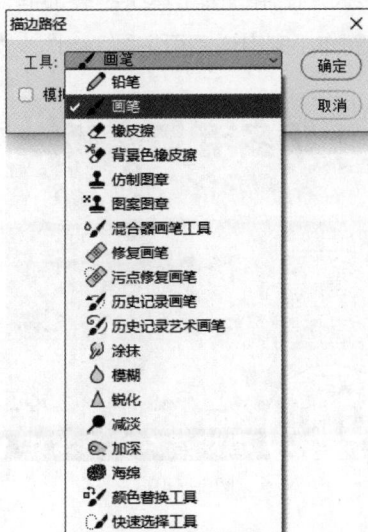

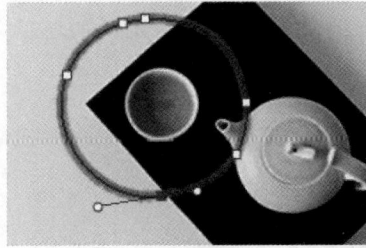

图5-145 图5-146 图5-147

单击"路径"面板下方的"用画笔描边路径"按钮⊙，也可以为路径描边。按住Alt键的同时单击"用画笔描边路径"按钮⊙，将弹出"描边路径"对话框，设置完成后，单击"确定"按钮，也可以为路径描边。

项目实践 制作端午节手机海报

项目要点 使用矩形工具和三角形工具绘制装饰图形，使用钢笔工具抠出粽叶，使用移动工具和复制操作复制图像。最终效果参看学习资源中的"Ch05\效果\制作端午节手机海报.psd"，如图5-148所示。

图5-148

课后习题 制作小家电详情页主图

习题要点 使用矩形工具绘制背景形状，使用椭圆工具绘制装饰框，使用钢笔工具绘制装饰线条。最终效果参看学习资源中的"Ch05\效果\制作小家电详情页主图.psd"，如图5-149所示。

图5-149

项目 6

调整图像的色彩和色调

本项目主要介绍调整图像的色彩和色调的多种命令。通过学习本项目内容，读者可以根据不同的需要应用多种调整命令对图像的色彩或色调进行细微的调整，还可以对图像进行特殊的颜色处理。

学习目标

- 熟练掌握调整图像色彩和色调的方法。
- 掌握特殊的颜色处理技巧。

技能目标

- 掌握面食宣传海报的调整方法。
- 掌握老物件展宣传海报的制作方法。

素养目标

- 培养敏锐的色彩感知能力。
- 培养对图像进行分析和评估的能力。
- 培养正确调整图像的色彩和色调的能力。

任务6.1 掌握常用调整命令

通过对任务实践的学习，读者可以掌握常用调整命令在实践操作中的应用。通过对任务知识的学习，读者可以掌握不同调整命令的具体操作方法。

任务实践 调整面食宣传海报

任务目标 学习使用不同的调整命令调整偏色的图片。

任务要点 使用"色相/饱和度"命令、"亮度/对比度"命令和"色彩平衡"命令修正图片颜色。最终效果参看学习资源中的"Ch06\效果\调整面食宣传海报图.psd"，如图6-1所示。

图6-1

任务操作

01 按Ctrl+O快捷键，打开本书学习资源中的"Ch06\素材\调整面食宣传海报\01"文件，如图6-2所示。将"背景"图层拖曳到"图层"面板下方的"创建新图层"按钮□上进行复制，生成新的图层"背景拷贝"，如图6-3所示。

02 选择"图像 > 调整 > 色相/饱和度"命令，弹出"色相/饱和度"对话框，各选项的设置如图6-4所示。单击"确定"按钮，效果如图6-5所示。

图6-2

图6-3

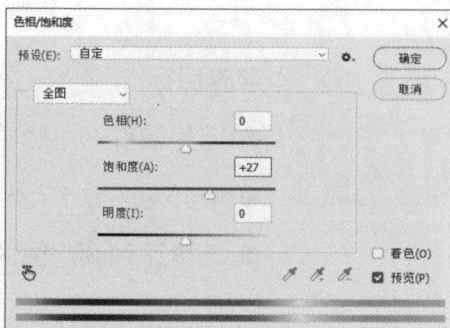

图6-4

图6-5

03 选择"图像 > 调整 > 亮度/对比度"命令，弹出"亮度/对比度"对话框，各选项的设置如图6-6所示。单击"确定"按钮，效果如图6-7所示。

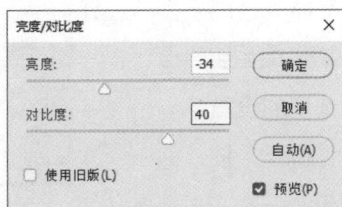

图6-6　　　　　　　　图6-7

04 选择"图像 > 调整 > 色彩平衡"命令，弹出"色彩平衡"对话框，各选项的设置如图6-8所示。单击"确定"按钮，效果如图6-9所示。

05 按Ctrl+O快捷键，打开本书学习资源中的"Ch06\素材\调整面食宣传海报\02、03"文件。选择移动工具 ，分别将"02""03"图片拖曳到"01"图像窗口中适当的位置，如图6-10所示。"图层"面板中生成新的图层，将它们分别重命名为"文字1""文字2"。面食宣传海报图调整完成。

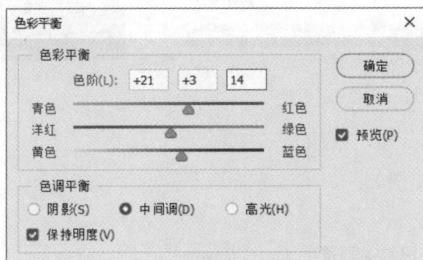

图6-8　　　　　　　图6-9　　　　　　图6-10

任务知识

6.1.1 亮度/对比度

打开一张图片，如图6-11所示。选择"图像 > 调整 > 亮度/对比度"命令，会弹出"亮度/对比度"对话框，各选项的设置如图6-12所示，单击"确定"按钮，效果如图6-13所示。

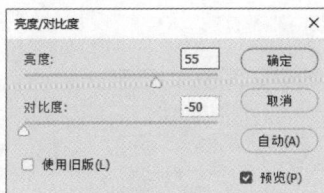

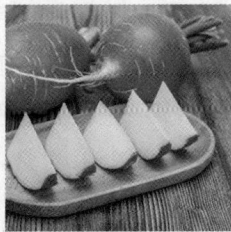

图6-11　　　　　　　图6-12　　　　　　图6-13

6.1.2 色相/饱和度

打开一张图片。选择"图像>调整 > 色相/饱和度"命令，或按Ctrl+U快捷键，会弹出"色相/饱和度"对话框，各选项的设置如图6-14所示。单击"确定"按钮，效果如图6-15所示。

预设： 用于选择预设的色彩样式，可以通过拖曳滑块来调整图像的色相、饱和度和明度。

着色： 勾选此复选框后，图像的颜色将变为单一色调效果。

在对话框中勾选"着色"复选框，其他选项的设置如图6-16所示，单击"确定"按钮，图像效果如图6-17所示。

图6-14

图6-15

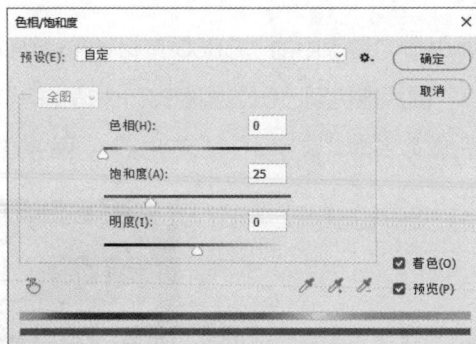
图6-16

图6-17

6.1.3 色彩平衡

选择"图像 > 调整 > 色彩平衡"命令，或按Ctrl+B快捷键，会弹出"色彩平衡"对话框，如图6-18所示。

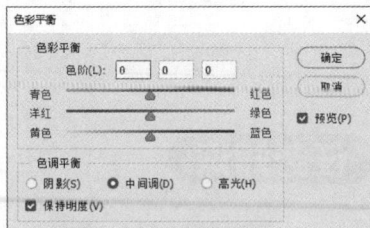
图6-18

色彩平衡： 用于添加过渡色来平衡色彩效果，拖曳滑块可以调整图像的色彩，也可以在"色阶"选项的数值框中直接输入数值，调整图像的色彩。

色调平衡： 用于选取图像的调整区域，包括阴影、中间调和高光。

保持明度： 用于保持原图像的明度。

设置不同的色彩平衡参数后，图像效果如图6-19所示。

图6-19

6.1.4 色阶

打开一张图片，如图6-20所示。选择"图像 > 调整 > 色阶"命令，或按Ctrl+L快捷键，会弹出"色阶"对话框，如图6-21所示。对话框中间是一个直方图，其横坐标表示亮度值（数值范围为0~255），纵坐标为图像的像素数。

图6-20

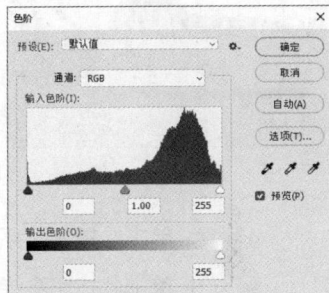

图6-21

通道：可以选择不同的颜色通道来调整图像。如果想选择两个以上的颜色通道，要先在"通道"面板中选择所需要的通道，再调出"色阶"对话框进行调整。

输入色阶：可以通过输入数值或拖曳滑块来调整图像。左侧的数值框和黑色滑块用于调整阴影，图像中低于该亮度值的所有像素将变为黑色；中间的数值框和灰色滑块用于调整中间调，其数值范围为0.01~9.99；右侧的数值框和白色滑块用于调整高光，图像中高于该亮度值的所有像素将变为白色。

调整"输入色阶"选项的3个滑块后，图像将产生不同的色彩效果，如图6-22所示。

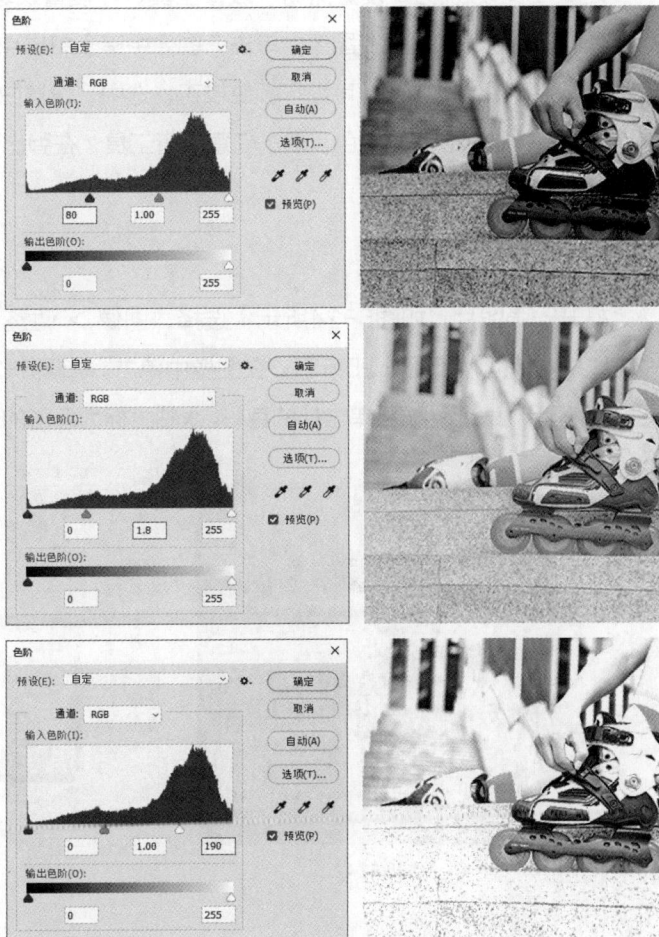

图6-22

111

输出色阶： 可以通过输入数值或拖曳滑块来控制图像的亮度范围。左侧的数值框和黑色滑块用于调整图像中的暗调；右侧数值框和白色滑块用于调整图像中的亮调。

调整"输出色阶"选项的2个滑块后，图像将产生不同的色彩效果，如图6-23所示。

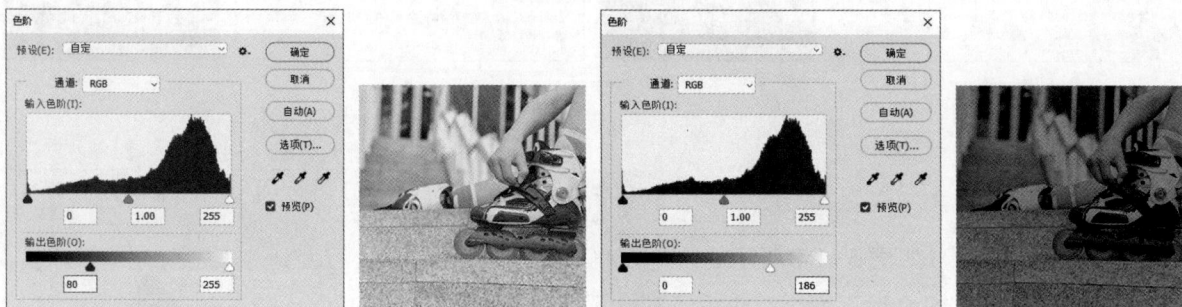

图6-23

自动(A)： 单击此按钮，系统将自动调整图像。

选项(T)...： 单击此按钮会弹出"自动颜色校正选项"对话框，可以对图像进行加亮或调暗操作。

取消： 按住Alt键会转换为 **复位** 按钮，单击此按钮可以将调整过的色阶还原。

✎ ✎ ✎： 分别为"设置黑场"吸管工具、"设置灰场"吸管工具和"设置白场"吸管工具。选中"设置黑场"吸管工具，在图像中单击，图像中暗于单击点的所有像素都会变为黑色；选中"设置灰场"吸管工具，在图像中单击，可进行颜色校正；选中"设置白场"吸管工具，在图像中单击，图像中亮于单击点的所有像素都会变为白色。双击任意吸管工具，在弹出的"拾色器"对话框中可以设置吸管颜色。

6.1.5　曲线

打开一张图片，如图6-24所示。选择"图像 > 调整 > 曲线"命令，或按Ctrl+M快捷键，会弹出"曲线"对话框，如图6-25所示。在图像中单击，如图6-26所示，对话框的图表上会出现一个方框，如图6-27所示，表示图像中单击处的色彩，x轴坐标为色彩的输入值，y轴坐标为色彩的输出值。

图6-24

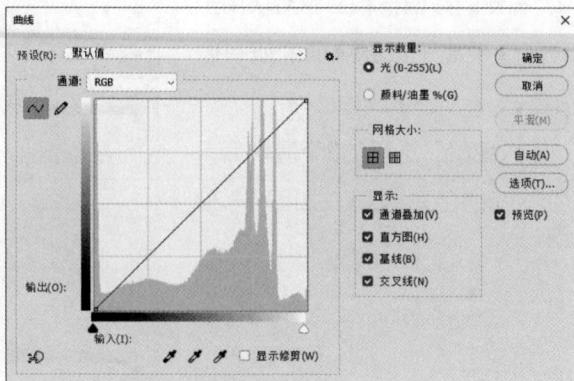

图6-25

图6-26

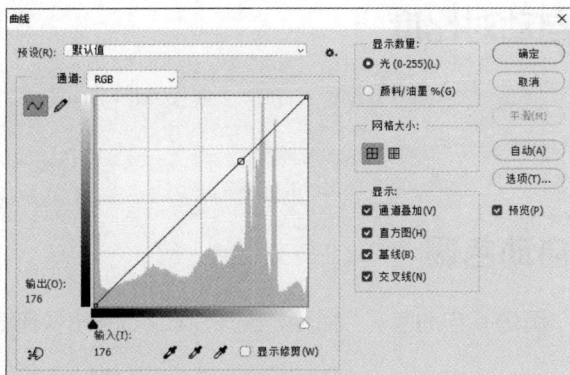

图6-27

通道：可以选择不同的颜色通道。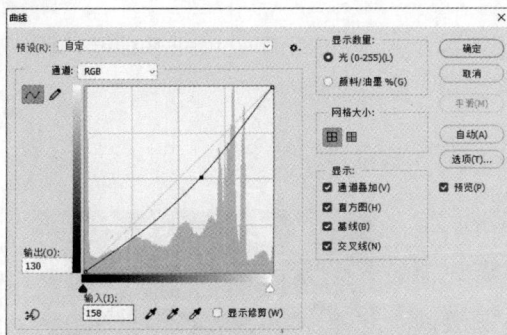：分别通过编辑点和自由绘制的方式来编辑曲线。**输入/输出**：分别显示调整前和调整后的亮度值。**显示数量**：可以选择图表的显示方式。**网格大小**：可以选择图表中网格的显示大小。**显示**：可以选择图表的显示内容。自动(A)：单击此按钮，系统将自动调整图像的亮度。图6-28所示为不同曲线对应的图像效果。

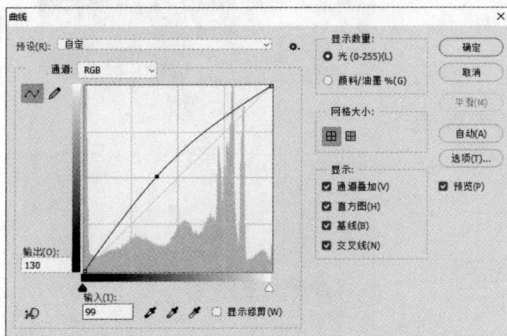

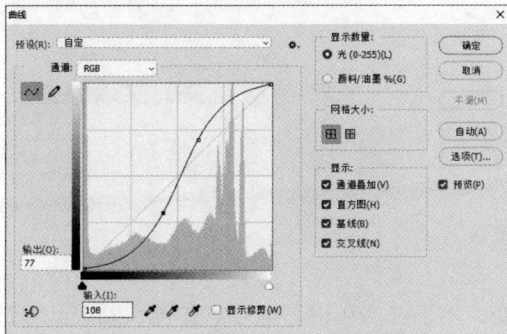

图6-28

6.1.6 自动对比度

选择"图像 > 自动对比度"命令，或按Alt+Shift+Ctrl+L快捷键，可以对图像的对比度进行自动调整。

6.1.7 自动色调

选择"图像 > 自动色调"命令，或按Shift+Ctrl+L快捷键，可以对图像的色调进行自动调整。

6.1.8 自动颜色

选择"图像 > 自动颜色"命令，或按Shift+Ctrl+B快捷键，可以对图像的色彩进行自动调整。

6.1.9 渐变映射

打开一张图片，如图6-29所示。选择"图像 > 调整 > 渐变映射"命令，会弹出"渐变映射"对话框，如图6-30所示。单击"点按可编辑渐变"按钮，在弹出的"渐变编辑器"对话框中设置渐变色，如图6-31所示，单击"确定"按钮，图像效果如图6-32所示。

图6-29

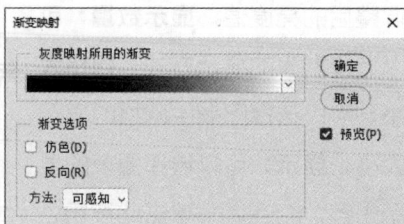

图6-30

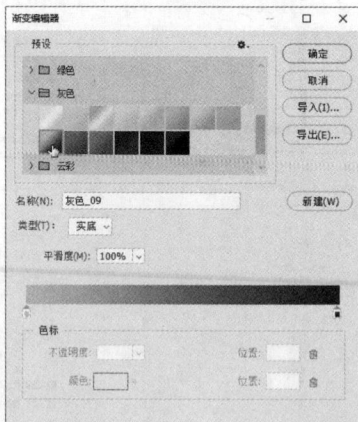

图6-31

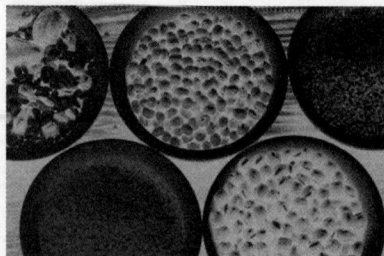

图6-32

灰度映射所用的渐变：用于选择和设置渐变。**仿色：**勾选此复选框后，可使渐变效果更加平滑。**反向：**勾选此复选框后，可反转渐变的填充方向。

6.1.10 照片滤镜

"照片滤镜"命令用于模仿传统相机的滤镜效果处理图像，通过调整图片颜色可以获得各种丰富的效果。

打开一张图片，如图6-33所示。选择"图像 > 调整 > 照片滤镜"命令，会弹出"照片滤镜"对话框，如图6-34所示。

滤镜： 用于选择颜色调整的过滤模式。**颜色：** 单击右侧的图标，会弹出"拾色器"对话框，可以设置颜色对图像进行过滤。**密度：** 可以设置过滤颜色的百分比。**保留明度：** 勾选此复选框，图片的白色部分颜色保持不变；取消勾选此复选框，则图片的全部颜色都会发生改变，效果如图6-35所示。

图6-33

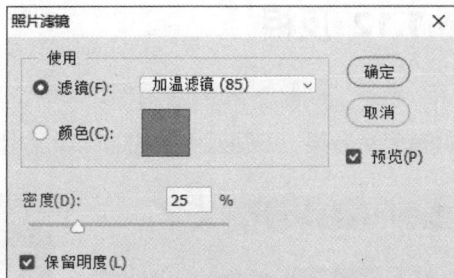

图6-34

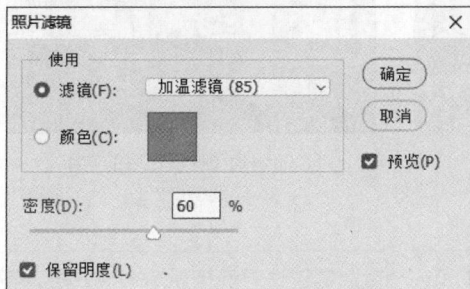

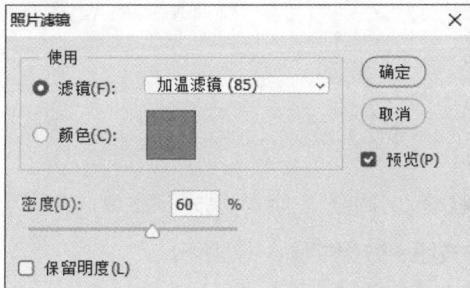

图6-35

6.1.11 色调均化

"色调均化"命令用于调整图像像素的过暗部分，使图像变得明亮，并将图像中其他的像素平均分配在亮度色谱中。

打开一张图片。选择"图像 > 调整 > 色调均化"命令，不同颜色模式的图像将产生不同的效果，如图6-36所示。

原图像

RGB模式图像色调均化后的效果

CMYK模式图像色调均化后的效果

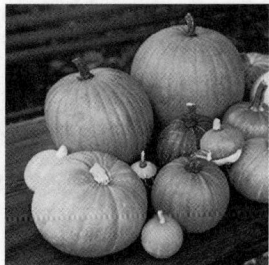

Lab模式图像色调均化后的效果

图6-36

6.1.12 反相

选择"图像 > 调整 > 反相"命令，或按Ctrl+I快捷键，可以将图像的像素颜色反转为其补色，使图像具有底片效果。不同颜色模式的图像反相后的效果如图6-37所示。

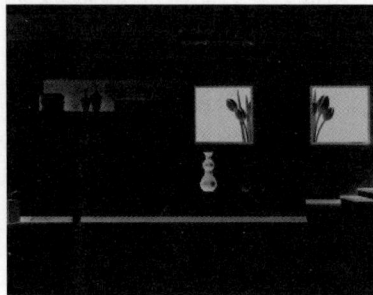

原图像   RGB模式图像反相后的效果   CMYK模式图像反相后的效果

图6-37

提示 反相效果是对图像的每一个颜色通道进行反相后的合成效果，不同颜色模式的图像反相后的效果是不同的。

6.1.13 阴影/高光

打开一张图片。选择"图像 > 调整 > 阴影/高光"命令，会弹出"阴影/高光"对话框，具体设置如图6-38所示。单击"确定"按钮，效果如图6-39所示。

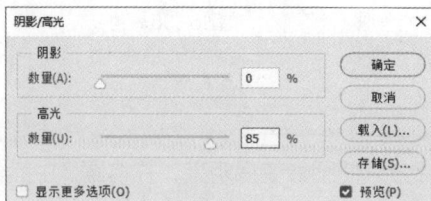

图6-38   图6-39

6.1.14 可选颜色

打开一张图片。选择"图像 > 调整 > 可选颜色"命令，会弹出"可选颜色"对话框，具体设置如图6-40所示。单击"确定"按钮，效果如图6-41所示。

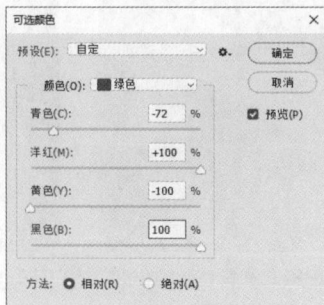
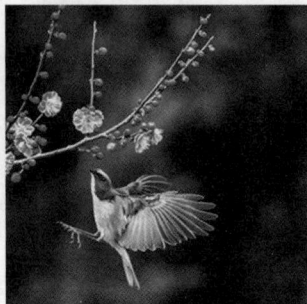

图6-40   图6-41

颜色：可以选择图像中的色彩，通过拖曳滑块或输入数值调整青色、洋红色、黄色、黑色的百分比。

方法：可以选择调整方法，包括"相对"和"绝对"。

6.1.15　曝光度

打开一张图片。选择"图像 > 调整 > 曝光度"命令，会弹出"曝光度"对话框，具体设置如图6-42所示。单击"确定"按钮，效果如图6-43所示。

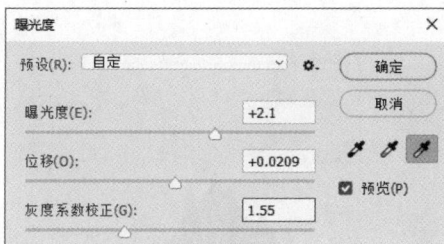

图6-42

图6-43

曝光度：可以调整图像的整体亮度。**位移：**可以调整阴影和中间调，对高光的影响很小。**灰度系数校正：**可以使用乘方函数调整图像的灰度系数。

任务6.2　掌握特殊调整命令

通过对任务实践的学习，读者可以掌握特殊调整命令在实践操作中的应用。通过对任务知识的学习，读者可以掌握不同调整命令的具体操作方法。

任务实践　制作老物件展宣传海报

任务目标　学习使用不同的调整命令调整图像颜色。

任务要点　使用"色阶"命令和"去色"命令调整图像，使用移动工具添加素材和文字。最终效果参看学习资源中的"Ch06\效果\制作老物件展宣传海报.psd"，如图6-44所示。

图6-44

任务操作

01 按Ctrl＋O快捷键，打开本书学习资源中的"Ch06\素材\制作老物件展宣传海报\01、02"文件。选择移动工具 ⊕，将"02"图片拖曳到"01"图像窗口中适当的位置，如图6-45所示。"图层"面板中生成新的图层，将其重命名为"电风扇"。

02 选择"图像＞调整＞色阶"命令，弹出"色阶"对话框，各选项的设置如图6-46所示，单击"确定"按钮，效果如图6-47所示。

图6-45

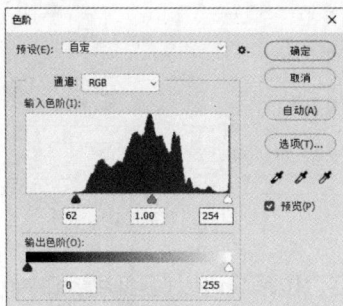
图6-46

图6-47

03 选择"图像＞调整＞去色"命令，为图像去色，效果如图6-48所示。按Ctrl＋O快捷键，打开本书学习资源中的"Ch06\素材\制作老物件展宣传海报\03"文件。选择移动工具 ⊕，将"03"图片拖曳到"01"图像窗口中适当的位置，如图6-49所示。"图层"面板中生成新的图层，将其重命名为"老物件"。选择"图像＞调整＞去色"命令，为图像去色，效果如图6-50所示。

图6-48

图6-49

图6-50

04 选择矩形工具 ▢，在属性栏的"选择工具模式"下拉列表中选择"形状"选项，将"填充"颜色设为砖红色（172、19、25），"描边"颜色设为无，在图像窗口中绘制一个矩形，效果如图6-51所示。"图层"面板中生成新的形状图层"矩形1"。

05 按Ctrl+J快捷键，复制图层。"图层"面板中生成新的形状图层"矩形1 拷贝"。选择移动工具 ⊕，拖曳图像到适当的位置，如图6-52所示。选择矩形工具 ▢，向下拖曳矩形上方中间的控制手柄到适当的位置，效果如图6-53所示。

图6-51　　　　　　　图6-52　　　　　　　　图6-53

06　使用上述方法复制并调整矩形，如图6-54所示。按Ctrl＋O快捷键，打开本书学习资源中的"Ch06\素材\制作老物件展宣传海报\04"文件。选择移动工具 ，将"04"图片拖曳到"01"图像窗口中适当的位置，如图6-55所示。"图层"面板中生成新的图层，将其重命名为"文字"。

07　保持"文字"图层的选取状态。按住Ctrl键的同时，单击"老物件"图层的缩览图，图像周围生成选区，如图6-56所示。

图6-54　　　　　　　图6-55　　　　　　　　图6-56

08　选择橡皮擦工具 ，在属性栏中单击"画笔预设"选取器，在弹出的面板中将"大小"选项设为600像素，其他选项的设置如图6-57所示。在图像窗口中擦除不需要的部分，效果如图6-58所示。按Ctrl+D快捷键，取消选区，效果如图6-59所示，老物件展宣传海报制作完成。

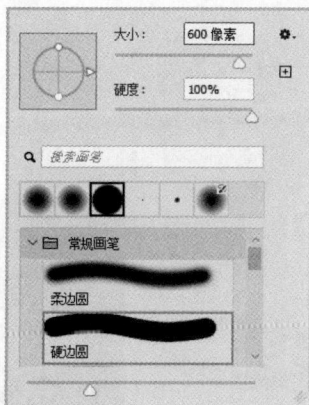

图6-57　　　　　　　图6-58　　　　　　　　图6-59

任务知识

6.2.1 通道混合器

打开一张图片，如图6-60所示。选择"图像 > 调整 > 通道混合器"命令，会弹出"通道混合器"对话框，各选项的设置如图6-61所示，单击"确定"按钮，效果如图6-62所示。

输出通道：可以选择要调整的通道。**源通道：**可以设置输出通道中源通道所占的百分比。**常数：**可以调整输出通道的灰度值。**单色：**勾选此复选框后，可以将彩色图像转换为黑白图像。

> **提示** 所选图像的颜色模式不同，"通道混合器"对话框中的内容也不同。

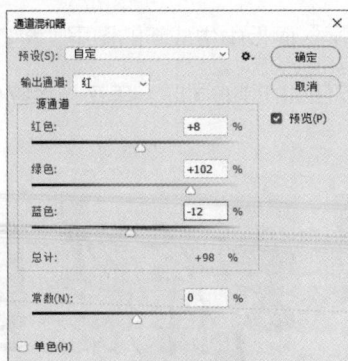

图6-60   图6-61   图6-62

6.2.2 匹配颜色

"匹配颜色"命令用于对色调不同的图片进行调整，使其色调协调。

打开两张不同色调的图片，如图6-63和图6-64所示。选择需要调整的图片，选择"图像 > 调整 > 匹配颜色"命令，会弹出"匹配颜色"对话框，在"源"下拉列表中选择要匹配的文件的名称，再设置其他各选项，如图6-65所示，单击"确定"按钮，效果如图6-66所示。

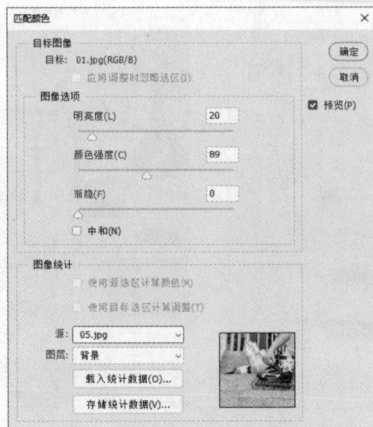
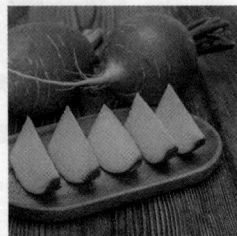

图6-63   图6-64   图6-65   图6-66

目标：显示所选的要调整的文件的名称。**应用调整时忽略选区：**如果当前调整的图像中有选区，勾选此复选框，可以忽略图像中的选区，调整整张图像的颜色；取消勾选此复选框，则只调整图像中选区内的颜色，效果如图6-67和图6-68所示。

图6-67　　　　　　　　　　　　图6-68

图像选项：可以通过拖曳滑块或输入数值来调整图像的明亮度、颜色强度和渐隐效果。**中和：**勾选此复选框后，可以中和色调。**图像统计：**可以设置图像的颜色来源。

6.2.3　替换颜色

打开一张图片，如图6-69所示。选择"图像 > 调整 > 替换颜色"命令，会弹出"替换颜色"对话框。在图像中单击以吸取要替换的颜色，再调整色相、饱和度和明度，设置"结果"选项为黄色，其他选项的设置如图6-70所示。单击"确定"按钮，效果如图6-71所示。

图6-69　　　　　　　　　　图6-70　　　　　　　　　　图6-71

6.2.4　去色

选择"图像 > 调整 > 去色"命令，或按Shift+Ctrl+U快捷键，可以去掉图像中的色彩，使图像变为灰度图，但图像的颜色模式并不会改变。

6.2.5　阈值

打开一张图片。选择"图像 > 调整 > 阈值"命令，会弹出"阈值"对话框，各选项的设置如图6-72所示，单击"确定"按钮，效果如图6-73所示。

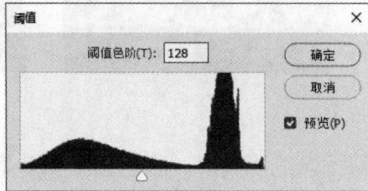

图6-72 　　　　　　　　　　图6-73

阈值色阶：可以通过拖曳滑块或输入数值改变图像的阈值。系统将使大于阈值的像素变为白色，小于阈值的像素变为黑色，使图像呈现高度反差效果。

6.2.6　色调分离

打开一张图片。选择"图像 > 调整 > 色调分离"命令，会弹出"色调分离"对话框，各选项的设置如图6-74所示，单击"确定"按钮，效果如图6-75所示。

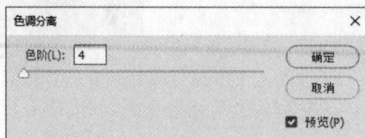

图6-74 　　　　　　　　　　图6-75

色阶：可以指定色阶数，系统将以256阶的亮度对图像中的像素亮度进行分配。色阶数越大，图像产生的变化越小。

项目实践　制作惊蛰节气公众号次图

项目要点　使用"自动颜色"命令、"自动色调"命令和"亮度/对比度"命令调整图片的颜色，使用移动工具添加文字。最终效果参看学习资源中的"Ch06\效果\制作惊蛰节气公众号次图.psd"，如图6-76所示。

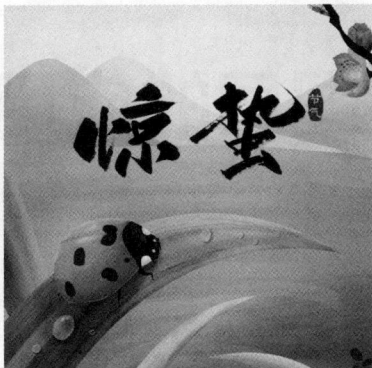

图6-76

课后习题　调整旅游公众号首图

习题要点　使用"阴影/高光"命令、"色阶"命令和"曲线"命令调整过暗的图片，使用移动工具添加文字。最终效果参看学习资源中的"Ch06\效果\调整旅游公众号首图.psd"，如图6-77所示。

图6-77

项目 7

图层的应用

本项目主要介绍图层的应用技巧。通过学习本项目内容，读者可以掌握图层的混合模式、图层样式、填充图层和调整图层等的高级应用技巧，制作出丰富的图像效果。

学习目标

● 掌握混合模式和图层样式的使用方法。

● 掌握填充图层和调整图层的应用技巧。

技能目标

● 掌握京剧演出入场券的制作方法。

● 掌握新品手机宣传Banner的制作方法。

素养目标

● 培养创造性思维。

● 培养良好的组织和管理图像的能力。

● 培养通过学习和实践不断进取的能力。

任务7.1 掌握混合模式和图层样式

通过对任务实践的学习，读者可以掌握混合模式在实践操作中的应用。通过对任务知识的学习，读者可以掌握不同混合模式和图层样式的具体操作方法。

任务实践 制作京剧演出入场券

任务目标 学习使用"混合模式"选项制作入场券主体。

任务要点 使用移动工具添加图片，使用三角形工具、剪贴蒙版快捷键和"不透明度"选项制作宣传主体，使用"混合模式"选项融合图片。最终效果参看学习资源中的"Ch07\效果\制作京剧演出入场券.psd"，如图7-1所示。

图7-1

任务操作

01 按Ctrl+N快捷键，弹出"新建文档"对话框，设置宽度为17厘米，高度为5.5厘米，分辨率为150像素/英寸，颜色模式为RGB颜色，背景内容为白色，单击"创建"按钮，新建一个文件。

02 按Ctrl+O快捷键，打开本书学习资源中的"Ch07\素材\制作京剧演出入场券\01、02"文件。选择移动工具，分别将"01""02"图片拖曳到新建的图像窗口中适当的位置，效果如图7-2所示。"图层"面板中生成新的图层，将它们分别重命名为"纹理""脸谱"。

图7-2

03 在"图层"面板中，将"脸谱"图层的"混合模式"选项设为"颜色加深"，"不透明度"选项设为8%，如图7-3所示。按Enter键确定操作，效果如图7-4所示。

图7-3

图7-4

04 选择三角形工具，在属性栏的"选择工具模式"下拉列表中选择"形状"选项，将"填充"颜色设为枣红色（156、56、58），"描边"颜色设为无，在图像窗口中绘制一个三角形，效果如图7-5所示。"图层"面板中生成新的形状图层"三角形 1"。

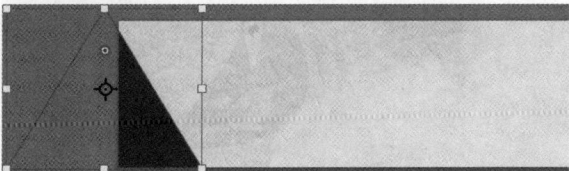

图7-5

125

05 在"图层"面板中，将"三角形 1"图层的"混合模式"选项设为"正片叠底"，如图7-6所示。按Enter键确定操作，效果如图7-7所示。

图7-6

图7-7

06 按Ctrl+O快捷键，打开本书学习资源中的"Ch07\素材\制作京剧演出入场券\03"文件。选择移动工具 ⊕ ，将"03"图片拖曳到新建的图像窗口中适当的位置，效果如图7-8所示。"图层"面板中生成新的图层，将其重命名为"人物 1"。按Alt+Ctrl+G快捷键，为图层创建剪贴蒙版，效果如图7-9所示。

图7-8

图7-9

07 在"图层"面板中，设置"人物 1"图层的"混合模式"选项为"滤色"，如图7-10所示。图像效果如图7-11所示。

图7-10

图7-11

08 使用上述方法制作其他图层，效果如图7-12所示。按Ctrl+O快捷键，打开本书学习资源中的"Ch07\素材\制作京剧演出入场券\04、05"文件。选择移动工具 ⊕ ，分别将"04""05"图片拖曳到新建的图像窗口中适当的位置，效果如图7-13所示。"图层"面板中生成新的图层，将它们分别重命名为"文字 1""文字 2"。京剧演出入场券制作完成。

图7-12

图7-13

任务知识

7.1.1　混合模式

图层的混合模式通过图层间的混合制作特殊的合成效果，在图像处理及效果制作中被广泛应用，特别是在多个图像合成方面更有其独特的作用及灵活性。

在"图层"面板中，可在 正常 下拉列表中选择图层的混合模式，共有27种混合模式。打开一张图片，如图7-14所示，"图层"面板如图7-15所示。

图7-14

图7-15

对"月亮"图层应用不同的混合模式后，图像效果如图7-16所示。

正常

溶解

变暗

正片叠底

颜色加深

线性加深

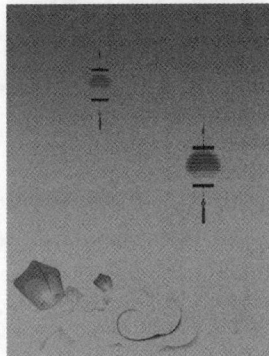

深色

变亮

图7-16

滤色

颜色减淡

线性减淡（添加）

浅色

叠加

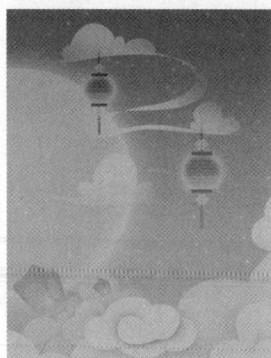

柔光

强光

亮光

线性光

点光

实色混合

差值

排除

减去

划分

色相

图7-16（续）

饱和度　　　　　　　　　　颜色　　　　　　　　　　明度

图7-16（续）

7.1.2 "样式"面板

"样式"面板用于存储各种图层特效，并将其快速地套用在要编辑的对象中，可节省操作时间。

打开一张图片，如图7-17所示。选择要添加样式的图层。选择"窗口 > 样式"命令，会弹出"样式"面板，单击右上方的 ≡ 按钮，在弹出的菜单中选择"旧版样式及其他"命令，在面板中添加"旧版样式及其他"，如图7-18所示，选择"聚酯薄膜"样式，如图7-19所示，所选图层被添加样式后的效果如图7-20所示。

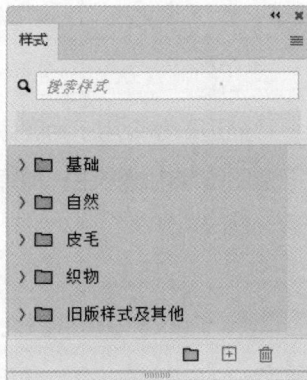

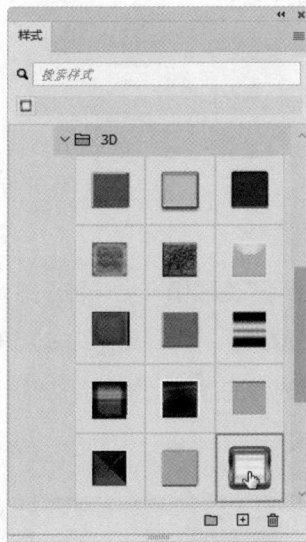

图7-17　　　　　　　　图7-18　　　　　　　　图7-19　　　　　　　　图7-20

所有样式添加完成后，"图层"面板如图7-21所示。如果要删除其中某个样式，将其直接拖曳到面板下方的"删除图层"按钮 🗑 上，如图7-22所示，删除后的"图层"面板如图7-23所示。

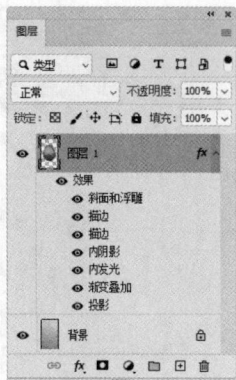
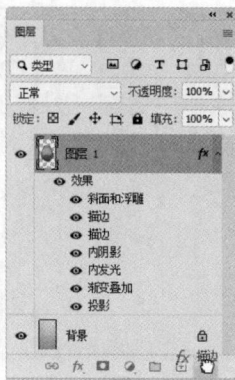
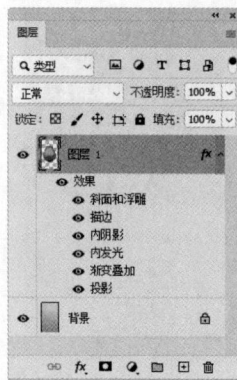

图7-21　　　　　　　图7-22　　　　　　　图7-23

7.1.3 图层样式

Photoshop提供了多种图层样式，可以为图像添加一种或多种样式。

单击"图层"面板右上方的■按钮，会弹出面板菜单，选择"混合选项"命令，会弹出"图层样式"对话框，如图7-24所示。选择对话框左侧的任意选项，将切换到相应的效果设置界面。单击"图层"面板下方的"添加图层样式"按钮 fx.，会弹出菜单，如图7-25所示。

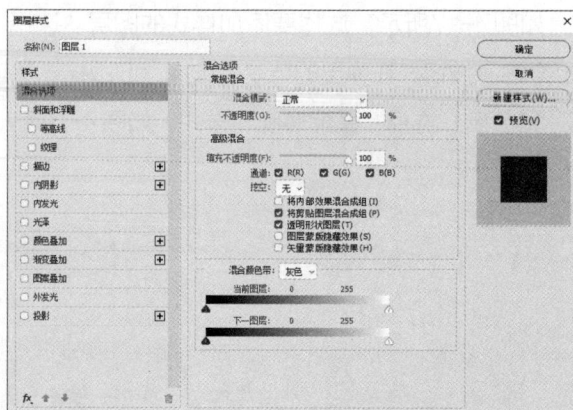

图7-24

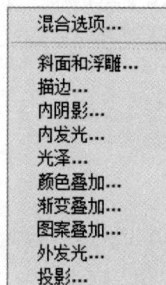

图7-25

"斜面和浮雕"命令用于使图像产生一种浮雕效果，"描边"命令用于为图像描边，"内阴影"命令用于使图像内部产生阴影效果，"内发光"命令用于在图像的边缘内部产生一种辉光效果，"光泽"命令用于使图像产生一种具有光泽的效果，如图7-26所示。

　　斜面和浮雕　　　　　　描边　　　　　　　内阴影　　　　　　内发光　　　　　　　光泽

图7-26

"颜色叠加"命令用于使图像产生一种颜色叠加效果，"渐变叠加"命令用于使图像产生一种渐变叠加效果，"图案叠加"命令用于在图像上添加图案，"外发光"命令用于在图像的边缘外部产生一种辉光效果，"投影"命令用于使图像产生阴影效果，如图7-27所示。

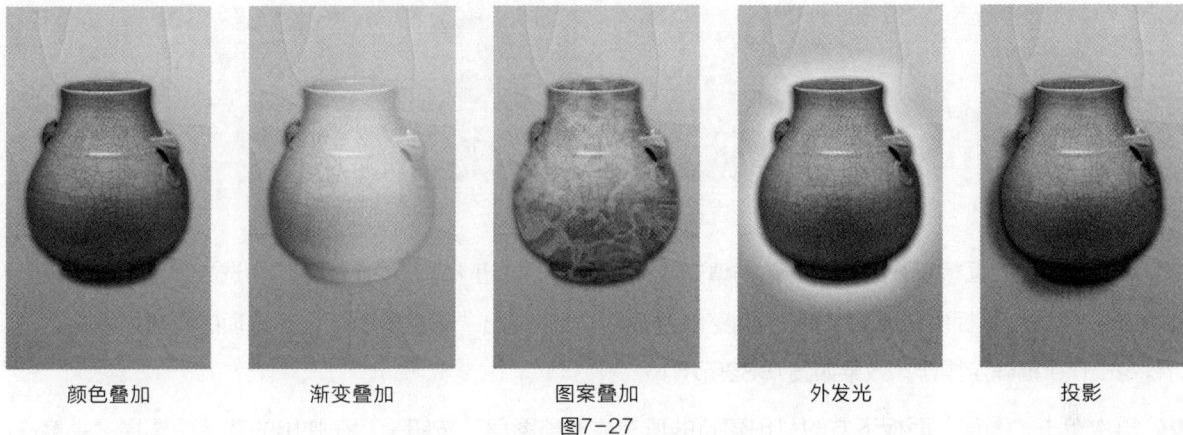

| 颜色叠加 | 渐变叠加 | 图案叠加 | 外发光 | 投影 |

图7-27

任务7.2　掌握填充图层和调整图层

通过对任务实践的学习，读者可以掌握填充图层和调整图层在实践操作中的应用。通过对任务知识的学习，读者可以掌握不同填充图层和调整图层的创建和使用方法。

任务实践　制作新品手机宣传Banner

任务目标　学习使用不同的调整图层调整图像质感。

任务要点　使用移动工具添加素材图片，使用"色相/饱和度"命令、"自然饱和度"命令、"亮度/对比度"命令和"色阶"命令创建调整图层，调整照片的质感，使用变换选区、载入选区、羽化选区和填充快捷键制作投影，使用"混合模式"选项和"不透明度"选项调整投影。最终效果参看学习资源中的"Ch07\效果\制作新品手机宣传Banner.psd"，如图7-28所示。

图7-28

任务操作

01　按Ctrl+N快捷键，弹出"新建文档"对话框，设置宽度为1920像素，高度为600像素，分辨率为72像素/英寸，颜色模式为RGB颜色，背景内容为天蓝色（192、233、252），单击"创建"按钮，新建一个文件，如图7-29所示。

02 按Ctrl + O快捷键，打开本书学习资源中的"Ch07\素材\制作新品手机宣传Banner\01"文件。选择移动工具，将"01"图片拖曳到新建的图像窗口中适当的位置，效果如图7-30所示。"图层"面板中生成新的图层，将其重命名为"纹理"。

图7-29

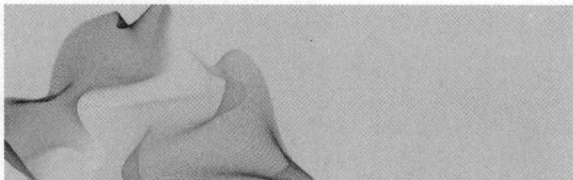

图7-30

03 单击"图层"面板下方的"创建新的填充或调整图层"按钮，在弹出的菜单中选择"色相/饱和度"命令。"图层"面板中生成"色相/饱和度 1"图层，同时弹出"属性"面板，各选项的设置如图7-31所示。按Enter键确定操作，效果如图7-32所示。

04 再次单击"图层"面板下方的"创建新的填充或调整图层"按钮，在弹出的菜单中选择"亮度/对比度"命令。"图层"面板中生成"亮度/对比度 1"图层，同时弹出"属性"面板，各选项的设置如图7-33所示。按Enter键确定操作，效果如图7-34所示。

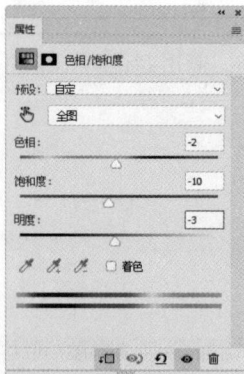

图7-31

图7-32

图7-33

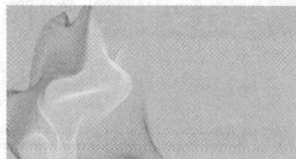

图7-34

05 选中"纹理"图层。按Ctrl+C快捷键，复制图层。选择"亮度/对比度 1"图层，按Ctrl+V快捷键，粘贴图层，效果如图7-35所示。"图层"面板中生成新的图层"纹理 拷贝"。

06 按Ctrl + T快捷键，图像周围出现变换框，将其拖曳到适当的位置并调整大小。在变换框中单击鼠标右键，在弹出的菜单中选择"水平翻转"命令。再次在变换框中单击鼠标右键，在弹出的菜单中选择"垂直翻转"命令。按住Shift键的同时，旋转图像到适当的角度。按Enter键确定操作，效果如图7-36所示。

图7-35

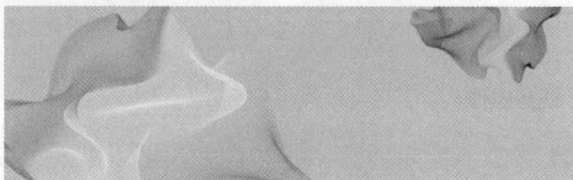

图7-36

07 单击"图层"面板下方的"创建新的填充或调整图层"按钮 ，在弹出的菜单中选择"自然饱和度"命令。"图层"面板中生成"自然饱和度 1"图层，同时弹出"属性"面板，各选项的设置如图7-37所示。按Enter键确定操作，效果如图7-38所示。

08 按Ctrl+O快捷键，打开本书学习资源中的"Ch07\素材\制作新品手机宣传Banner\02"文件。选择移动工具 ，将"02"图片拖曳到新建的图像窗口中适当的位置，效果如图7-39所示。"图层"面板中生成新的图层，将其重命名为"手机"。

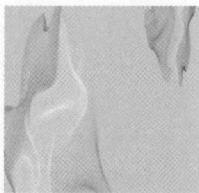

图7-37　　　　　　　　图7-38　　　　　　　　　　　　图7-39

09 按住Ctrl键的同时，单击"手机"图层的缩览图，载入选区，如图7-40所示。选择"选择 > 变换选区"命令，选区周围出现控制手柄，按住Ctrl键的同时，拖曳上方中间的控制手柄到适当的位置。按Enter键确定操作，效果如图7-41所示。按Shift+F6快捷键，弹出"羽化选区"对话框，各选项的设置如图7-42所示，单击"确定"按钮。

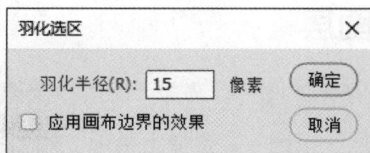

图7-40　　　　　　　图7-41　　　　　　　　图7-42

10 按住Ctrl键的同时，单击"图层"面板下方的"创建新图层"按钮 ，在"手机"图层的下方新建图层，将其命名为"投影"。将前景色设为灰蓝色（115、158、178），按Alt+Delete快捷键，用前景色填充选区。按Ctrl+D快捷键，取消选区，效果如图7-43所示。

11 在"图层"面板中，将"投影"图层的"混合模式"选项设为"正片叠底"，"不透明度"选项设为57%，如图7-44所示。按Enter键确定操作，图像效果如图7-45所示。

图7-43　　　　　　　　图7-44　　　　　　　　图7-45

12 选中"手机"图层。单击"图层"面板下方的"创建新的填充或调整图层"按钮，在弹出的菜单中选择"色阶"命令。"图层"面板中生成"色阶 1"图层，同时弹出"属性"面板，各选项的设置如图7-46所示。按Enter键确定操作，效果如图7-47所示。

13 按Ctrl+O快捷键，打开本书学习资源中的"Ch07\素材\制作新品手机宣传Banner\03"文件。选择移动工具，将"03"图片拖曳到新建的图像窗口中适当的位置，效果如图7-48所示。"图层"面板中生成新的图层，将其重命名为"文字"。新品手机宣传Banner制作完成。

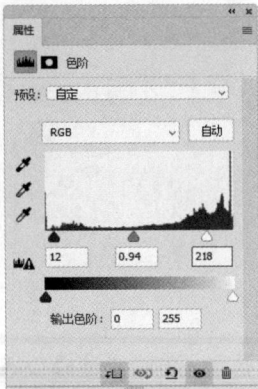
图7-46

图7-47

图7-48

任务知识

7.2.1 填充图层

打开图7-17所示的图片。选择"图层 > 新建填充图层"命令，或单击"图层"面板下方的"创建新的填充和调整图层"按钮，会弹出菜单，如图7-49所示，选择其中的一个命令，会弹出"新建图层"对话框。以选择"渐变"命令为例，弹出"新建图层"对话框，如图7-50所示，单击"确定"按钮，会弹出"渐变填充"对话框，如图7-51所示，单击"确定"按钮，"图层"面板和图像的效果如图7-52和图7-53所示。

纯色(O)...
渐变(G)...
图案(R)...

图7-49

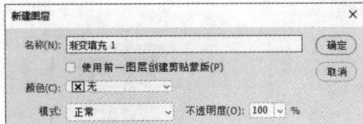
图7-50

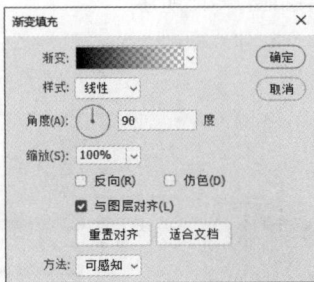
图7-51

图7-52

图7-53

7.2.2 调整图层

1. 新建调整图层

打开图7-17所示的图片。选择"图层 > 新建调整图层"命令，或单击"图层"面板下方的"创建新的填充或调整图层"按钮 ，会弹出菜单，其中包括多个调整图层命令，如图7-54所示，选择不同的调整图层命令，将弹出"新建图层"对话框，如图7-55所示，单击"确定"按钮，将弹出相应的"属性"面板。以选择"色相/饱和度"命令为例，弹出的"属性"面板如图7-56所示，按Enter键确认操作，"图层"面板和图像效果如图7-57和图7-58所示。

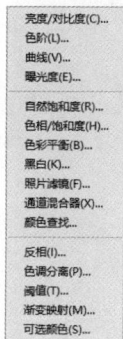 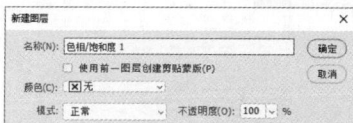 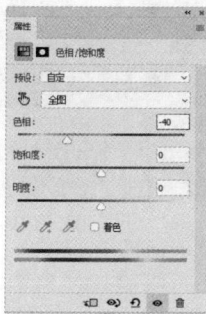  

图7-54　　　　　图7-55　　　　　图7-56　　　　　图7-57　　　　　图7-58

2. "调整"面板

"调整"面板中包含多个"调整预设"选项及多个"单一调整"选项，可以将调整预设快速地套用在要编辑的对象中，以节省操作时间。

打开一张图片，如图7-59所示。选择"窗口 >调整"命令，弹出"调整"面板，单击调整预设中的"更多"选项，如图7-60所示，将切换到更多的调整预设面板中，选择"风景 > 褪色"选项，如图7-61所示。图片的调整效果如图7-62所示。

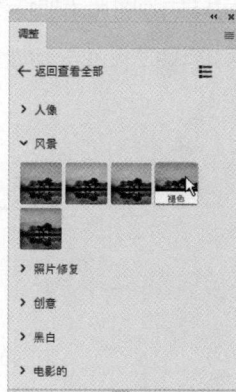

图7-61

图7-59　　　　　图7-60　　　　　图7-62

项目实践 制作月饼详情页主图

项目要点 使用"色相/饱和度"命令和"色阶"命令创建调整图层，调整背景颜色，使用直排文字工具和"字符"面板添加文字，使用图层样式为图像添加效果。最终效果参看学习资源中的"Ch07\效果\制作月饼详情页主图.psd"，如图7-63所示。

图7-63

课后习题 制作环保宣传海报

习题要点 使用椭圆工具和直接选择工具绘制形状，使用"混合模式"选项制作图片融合效果，使用图层样式为图片添加特殊效果，使用移动工具添加图片。最终效果参看学习资源中的"Ch07\效果\制作环保宣传海报.psd"，如图7-64所示。

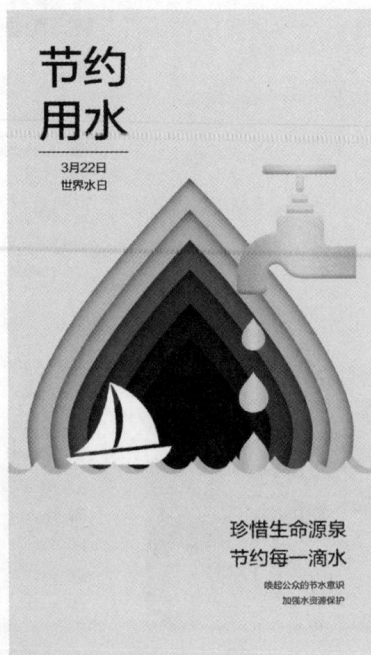

图7-64

项目 8

应用文字

本项目主要介绍文字的应用技巧。通过学习本项目内容，读者可以了解并掌握文字的输入与编辑方法，以及变形文字和路径文字的制作技巧。

学习目标

● 掌握文字的输入与编辑方法。

● 熟悉变形与路径文字的创建技巧。

技能目标

● 掌握京剧演出宣传海报的制作方法。

● 掌握美食宣传海报的制作方法。

素养目标

● 培养良好的语言理解能力。

● 培养良好的组织和排版能力。

● 培养良好的文字表达能力。

任务8.1 掌握文字的输入与编辑

通过对任务实践的学习，读者可以掌握文字工具在实践操作中的应用。通过对任务知识的学习，读者可以掌握文字工具、"字符"面板和"段落"面板的使用技巧。

任务实践 制作京剧演出宣传海报

任务目标 学习使用文字工具和"字符"面板添加文字。

任务要点 使用图层混合模式制作图片融合效果，使用横排文字工具添加文字信息，使用移动工具添加图片。最终效果参看学习资源中的"Ch08\效果\制作京剧演出宣传海报.psd"，如图8-1所示。

图8-1

任务操作

01 按Ctrl+N快捷键，弹出"新建文档"对话框，设置宽度为1242像素，高度为2208像素，分辨率为72像素/英寸，颜色模式为RGB颜色，背景内容为红色（195、3、3），单击"创建"按钮，新建一个文件。

02 按Ctrl+O快捷键，打开本书学习资源中的"Ch08\素材\制作京剧演出宣传海报\01"文件。选择移动工具⊕，将"01"图片拖曳到新建的图像窗口中适当的位置，效果如图8-2所示。"图层"面板中生成新的图层，将其重命名为"人物"。

03 按住Alt键的同时，在图像窗口中将人物图像向左拖曳到适当的位置，复制图像，如图8-3所示。"图层"面板中生成新的图层"人物拷贝"，将其拖曳到"人物"图层的下方。将"人物 拷贝"图层的"混合模式"选项设为"正片叠底"，"不透明度"选项设为43%，如图8-4所示。按Enter键确定操作，效果如图8-5所示。

图8-2

图8-3

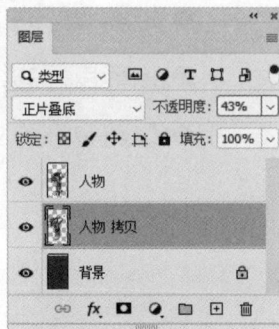

图8-4

图8-5

04 选择"滤镜 > 像素化 > 彩色半调"命令，弹出"彩色半调"对话框，各选项的设置如图8-6所示，单击"确定"按钮，效果如图8-7所示。

05 选择横排文字工具 T.，在适当的位置输入需要的文字并选取文字。在属性栏中选择合适的字体并设置文字大小，设置文本颜色为白色，效果如图8-8所示。"图层"面板中生成新的文字图层。使用相同的方法输入其他文字，效果如图8-9所示。

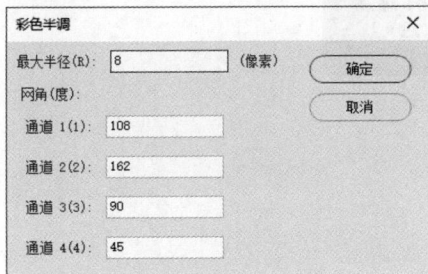

图8-6　　　　　　　　图8-7　　　　　　图8-8　　　　　　图8-9

06 在适当的位置输入需要的文字并选取文字。按Ctrl+T快捷键，弹出"字符"面板，在面板中将"颜色"选项设为白色，其他选项的设置如图8-10所示，按Enter键确定操作，效果如图8-11所示。

07 选择直排文字工具 IT.，在适当的位置输入需要的文字并选取文字。在属性栏中选择合适的字体并设置文字大小，设置文本颜色为白色，效果如图8-12所示。"图层"面板中生成新的文字图层。使用上述方法输入其他文字，效果如图8-13所示。

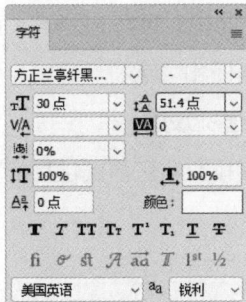

图8-10　　　　　　图8-11　　　　　　图8-12　　　　　　图8-13

08 选择横排文字工具 T.，在适当的位置输入需要的文字并选取文字。在"字符"面板中将"颜色"选项设为白色，其他选项的设置如图8-14所示，按Enter键确定操作，效果如图8-15所示。京剧演出宣传海报制作完成。

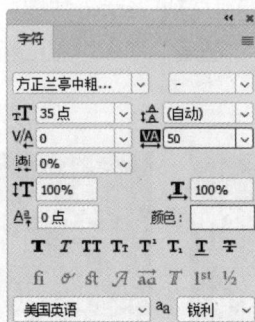

图8-14

图8-15

任务知识

8.1.1 输入文字

选择横排文字工具 T，或反复按Shift+T快捷键切换到该工具，其属性栏如图8-16所示。

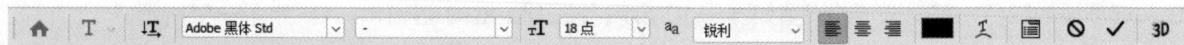

图8-16

T：用于切换文字输入的方向。 Adobe 黑体 Std ：用于设置文字的字体及属性。 18点 ：用于设置文字的大小。 锐利 ：用于设置消除文字锯齿的方式，包括"无""锐利""犀利""浑厚"和"平滑"等选项。 ：用于设置文字的段落格式，从左到右分别是左对齐、居中对齐和右对齐。 ：用于设置文字的颜色。 ：用于对文字进行变形操作。 ：用于打开"段落"面板和"字符"面板。 ：用于取消对文字的操作。 ：用于确定对文字的操作。 3D：用于在文本图层中创建3D对象。

选择直排文字工具 T，可以在图像中建立直排文本，其工具属性栏和横排文字工具属性栏的功能基本相同，这里不再赘述。

提示 输入文字后也可在上下文任务栏中设置文字的字体、字号及颜色。

8.1.2 创建文字选区

横排文字蒙版工具 T：使用此工具可以在图像中建立横向文本的选区，其工具属性栏和横排文字工具属性栏的功能基本相同，这里不再赘述。

直排文字蒙版工具 T：使用此工具可以在图像中建立纵向文本的选区，其工具属性栏和横排文字工具属性栏的功能基本相同，这里不再赘述。

8.1.3　字符设置

选择"窗口 > 字符"命令，会弹出"字符"面板，如图8-17所示，可以在该面板中进行字符设置。

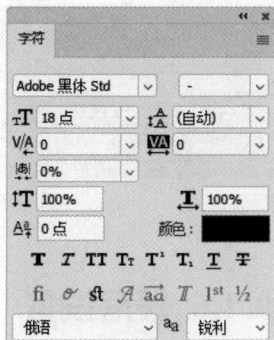

图8-17

Adobe 黑体 Std：单击此选项右侧的 按钮，可在打开的下拉列表中选择字体。

18 点：在此选项的数值框中输入数值，或单击选项右侧的 按钮，可在打开的下拉列表中选择文字大小的数值。

(自动)：在此选项的数值框中输入数值，或单击选项右侧的 按钮，可在打开的下拉列表中选择需要的行距数值，以调整文本段落的行距。

V/A 0：在此选项的数值框中输入数值，或单击选项右侧的 按钮，可在打开的下拉列表中选择需要的字距数值。输入正值时，字符的间距增大；输入负值时，字符的间距缩小。

VA 0：在此选项的数值框中输入数值，或单击选项右侧的 按钮，可在打开的下拉列表中选择字距数值，以调整文本段落的字距。输入正值时，字距增大；输入负值时，字距缩小。

0%：在此选项的下拉列表中选择百分比数值，可以对所选字符的比例间距进行细微的调整。

100%：在此选项的数值框中输入数值，可以调整字符的高度。

100%：在此选项的数值框中输入数值，可以调整字符的宽度。

0 点：选中字符，在此选项的数值框中输入数值，可以上下移动字符。输入正值时，使横排字符上移，使直排的字符右移；输入负值时，使横排字符下移，使直排字符左移。

颜色：在此图标上单击，会弹出"拾色器（文本颜色）"对话框，在对话框中设置需要的颜色后，单击"确定"按钮，可以改变文字的颜色。

T T TT Tr T¹ T₁ T F：从左到右依次为"仿粗体"按钮、"仿斜体"按钮、"全部大写字母"按钮、"小型大写字母"按钮、"上标"按钮、"下标"按钮、"下划线"按钮和"删除线"按钮。

美国英语：单击此选项右侧的 按钮，在打开的下拉列表中选择需要的语言，可以进行拼写检查和连字符的设置。

锐利：用于设置消除文字锯齿的方式，包括选择"无""锐利""犀利""浑厚"和"平滑"等选项。

8.1.4　输入段落文字

在Photoshop中还可以输入段落文字。

选择横排文字工具，将鼠标指针移动到图像窗口中，鼠标指针变为形状。拖曳鼠标，在图像窗口中创建一个段落定界框，如图8-18所示。直接输入需要的文字，如果输入的文字需要分段，可以按Enter键进行操作，文字输入效果如图8-19所示。在段落定界框中，如果输入的文字较多，则当文字遇到段落定界框时，会自动换到下一行。此外，还可以对段落定界框进行旋转、拉伸等操作。

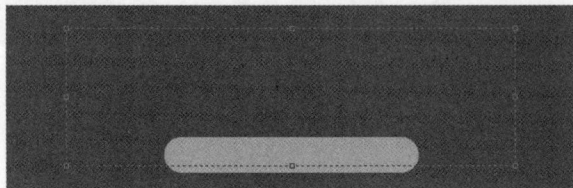
图8-18

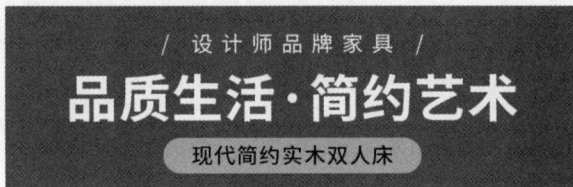
图8-19

8.1.5 段落设置

选择"窗口 > 段落"命令，会弹出"段落"面板，如图8-20所示，可在该面板中进行段落格式设置。

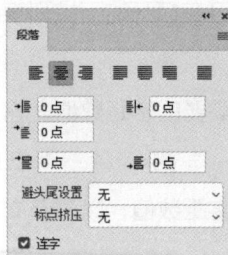

▤▤▤：用于调整段落中所有行的对齐方式，包括左对齐、居中对齐、右对齐。

▤▤▤：用于设置段落最后一行的对齐方式，包括左对齐、居中对齐、右对齐，其他行两端对齐。

▤：用于设置整个段落中的行两端对齐。

▸▤ 0点：用于设置段落左端的缩进量。

▤◂ 0点：用于设置段落右端的缩进量。

▸▤ 0点：用于设置段落第一行左端的缩进量。

▸▤ 0点：用于设置当前段落与前一段落的距离。

▸▤ 0点：用于设置当前段落与后一段落的距离。

图8-20

避头尾设置：用于设置段落避头尾的方式。

标点挤压：用于严格约束段落的格式，当标点位于句首或句尾时，会自动调整文字的间距。

连字：用于确定文字是否用连字符连接。

8.1.6 栅格化文字

"图层"面板如图8-21所示。选择"文字 > 栅格化文字图层"命令，可以将文字图层转换为图像图层，如图8-22所示。也可在"图层"面板中的文字图层上单击鼠标右键，在弹出的菜单中选择"栅格化文字"命令。

图8-21

图8-22

8.1.7 载入文字选区

按住Ctrl键的同时，单击文字图层的缩览图，即可载入文字选区。

任务8.2 掌握变形文字与路径文字的创建

通过对任务实践的学习，读者可以掌握变形文字与路径文字在实践操作中的应用。通过对任务知识的学习，读者可以掌握变形文字与路径文字的创建和使用技巧。

任务实践 **制作美食宣传海报**

任务目标 学习使用横排文字工具和"文字变形"命令添加并变形文字。

任务要点 使用横排文字工具和"文字变形"命令添加并变形文字，使用多边形套索工具绘制形状，使用直排文字工具添加文字，使用移动工具添加图片。最终效果参看学习资源中的"Ch08\效果\制作美食宣传海报.psd"，如图8-23所示。

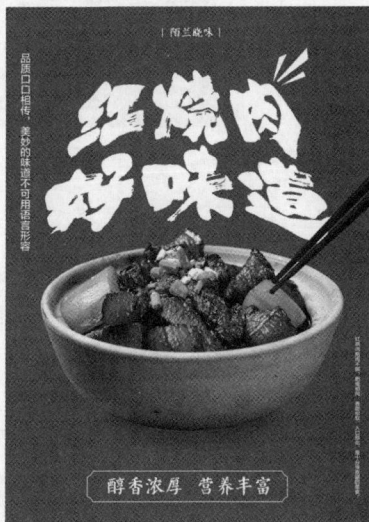

图8-23

任务操作

01 按Ctrl+N快捷键，弹出"新建文档"对话框，设置宽度为41.99厘米，高度为59.4厘米，分辨率为150像素/英寸，颜色模式为RGB颜色，背景内容为砖红色（186、41、15），单击"创建"按钮，新建一个文件，如图8-24所示。

02 按Ctrl+O快捷键，打开本书学习资源中的"Ch08\素材\制作美食宣传海报\01"文件。选择移动工具 ⊕ ，将"01"图像拖曳到新建的图像窗口中适当的位置，效果如图8-25所示，在"图层"面板中生成新的图层，将其重命名为"图片"。

图8-24

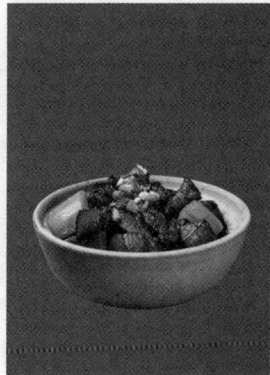

图8-25

03 按住Ctrl键的同时，单击"图层"面板下方的"创建新图层"按钮⊡，在"图片"图层的下方新建图层，将其命名为"投影"。

04 选择椭圆选框工具◯，在属性栏中将"羽化"选项设为50像素，在图像窗口中绘制椭圆选区，如图8-26所示。将前景色设为深红色（98、16、1），按Alt+Delete快捷键，用前景色填充选区，如图8-27所示。按Ctrl+D快捷键，取消选区，效果如图8-28所示。

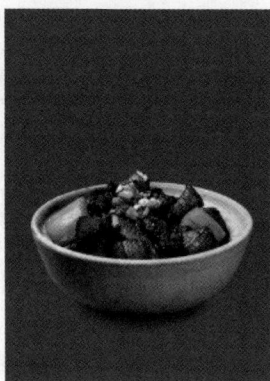

图8-26   图8-27   图8-28

05 在"图层"面板中，将"投影"图层的"混合模式"选项设为"强光"，如图8-29所示。按Enter键确定操作，图像效果如图8-30所示。

06 选中"图片"图层。选择横排文字工具T，在适当的位置输入需要的文字并选取文字。按Ctrl+T快捷键，弹出"字符"面板，设置"颜色"选项为白色，其他选项的设置如图8-31所示，按Enter键确定操作，效果如图8-32所示。

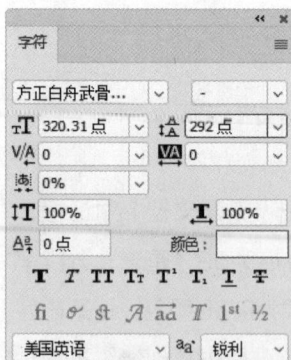

图8-29   图8-30   图8-31   图8-32

07 选择"文字 > 文字变形"命令，弹出"变形文字"对话框，各选项的设置如图8-33所示，单击"确定"按钮，文字效果如图8-34所示。

08 选择多边形套索工具▽，单击属性栏中的"添加到选区"按钮▣。在图像窗口中多次单击以绘制选区，如图8-35所示。

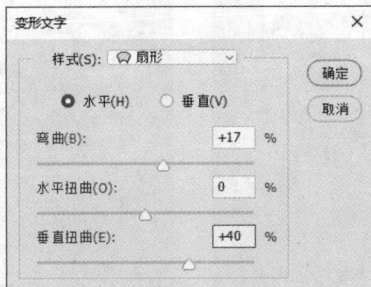

图8-33　　　　　　　　　图8-34　　　　　　　　　图8-35

09 新建图层并将其命名为"装饰"。将前景色设为白色，按Alt+Delete快捷键，填充前景色，如图8-36所示。按Ctrl+D快捷键，取消选区，效果如图8-37所示。

10 按Ctrl+O快捷键，打开本书学习资源中的"Ch08\素材\制作美食宣传海报\02、03"文件。选择移动工具 ⊕，分别将"02""03"图像拖曳到新建的图像窗口中适当的位置，效果如图8-38所示。"图层"面板中生成新的图层，将它们分别重命名为"LOGO""筷子"。

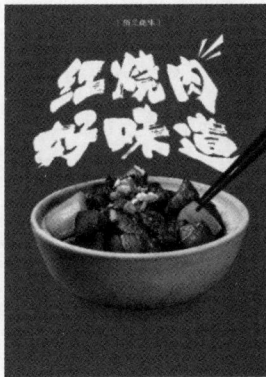

图8-36　　　　　　　　　图8-37　　　　　　　　　图8-38

11 选择直排文字工具 ⏐T，在适当的位置输入需要的文字并选取文字。在属性栏中选择合适的字体并设置文字大小，设置文本颜色为白色，效果如图8-39所示。"图层"面板中生成新的文字图层。使用相同的方法输入其他文字，效果如图8-40所示。

12 按Ctrl+O快捷键，打开本书学习资源中的"Ch08\素材\制作美食宣传海报\04"文件。选择移动工具 ⊕，将"04"图像拖曳到新建的图像窗口中适当的位置，效果如图8-41所示。"图层"面板中生成新的图层，将其重命名为"装饰框"。

13 选择横排文字工具 T，在适当的位置输入需要的文字并选取文字，在属性栏中选择合适的字体并设置文字大小，将文本颜色设为白色，效果如图8-42所示。"图层"面板中生成新的文字图层。美食宣传海报制作完成。

图8-39

图8-40

图8-41

图8-42

任务知识

8.2.1 变形文字

单击文字工具属性栏中的"创建文字变形"按钮，或选择"文字>文字变形"命令可以对文字进行多种样式的变形，如扇形、旗帜、波浪、膨胀、扭转等。

1. 制作变形文字

打开一张图片。选择横排文字工具 T，在属性栏中设置文字的属性，如图8-43所示，将鼠标指针移动到图像窗口中，鼠标指针将变成 I 形状。在图像窗口中单击，此时会出现一个文字插入点，输入需要的文字，效果如图8-44所示，"图层"面板中会生成新的文字图层。

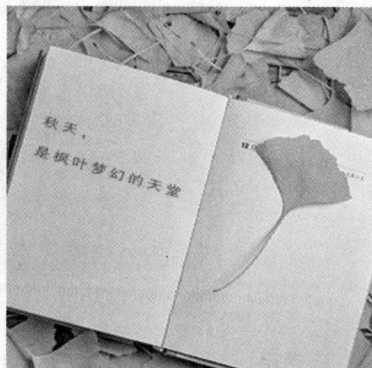
图8-44

图8-43

单击属性栏中的"创建文字变形"按钮 ，会弹出"变形文字"对话框，如图8-45所示，在"样式"下拉列表中有15种文字变形效果，如图8-46所示。

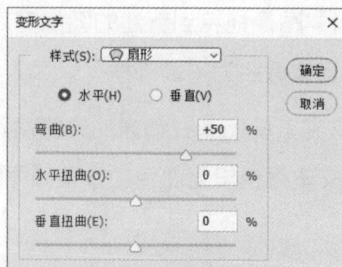
图8-45

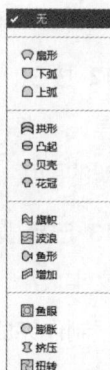
图8-46

应用不同的样式得到文字的多种变形效果，如图8-47所示。

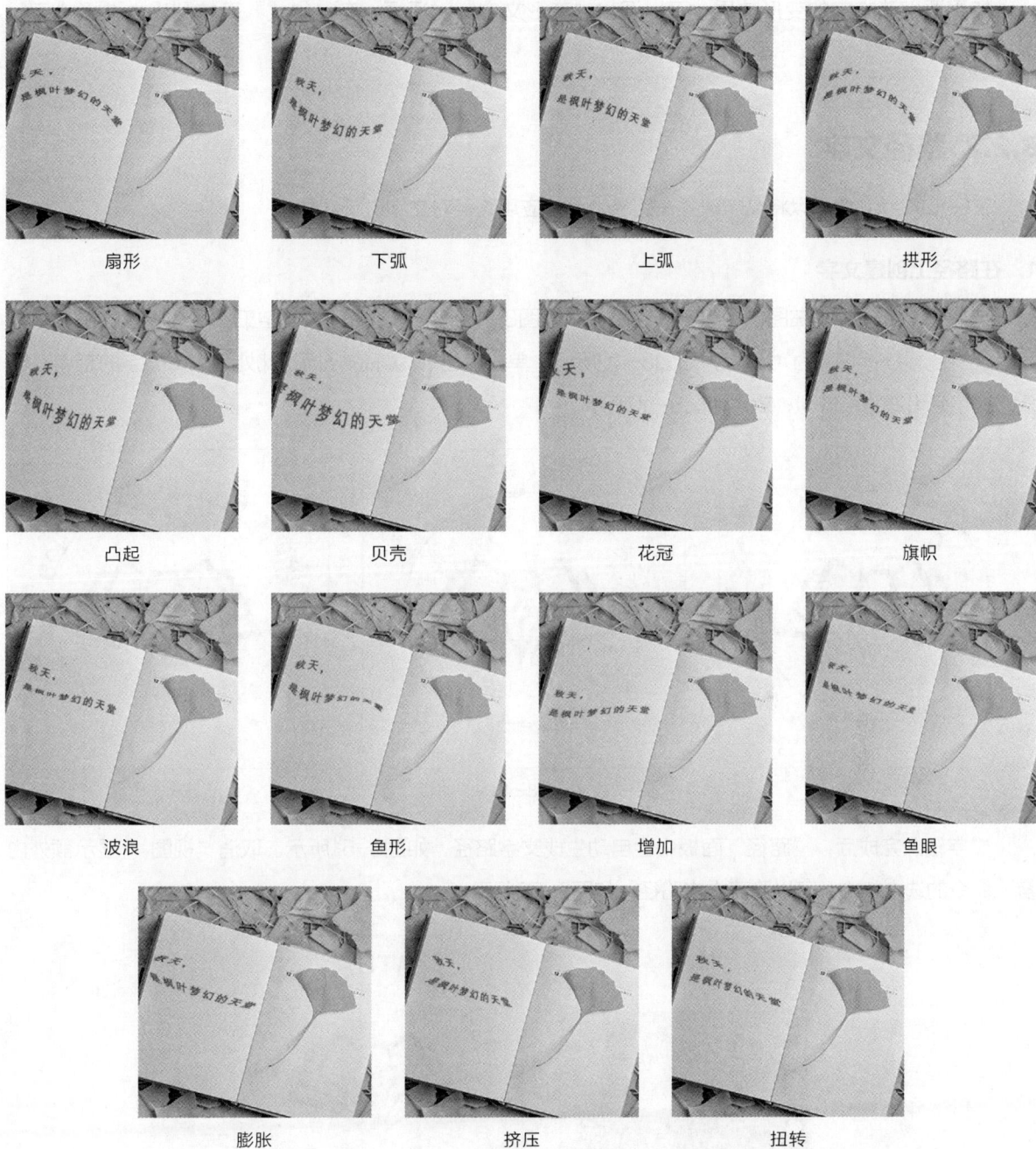

扇形　　　　　　　　下弧　　　　　　　　上弧　　　　　　　　拱形

凸起　　　　　　　　贝壳　　　　　　　　花冠　　　　　　　　旗帜

波浪　　　　　　　　鱼形　　　　　　　　增加　　　　　　　　鱼眼

膨胀　　　　　　　　挤压　　　　　　　　扭转

图8-47

2. 修改变形效果

如果要修改文字的变形效果，可以调出"变形文字"对话框，在该对话框中重新设置样式或更改当前应用样式的参数。

3. 取消文字变形效果

如果要取消文字的变形效果，可以调出"变形文字"对话框，在"样式"下拉列表中选择"无"选项。

8.2.2 路径文字

在Photoshop中可以将文字建立在路径上，并应用路径对文字进行调整。

1. 在路径上创建文字

选择钢笔工具 ✐，在图像中绘制一条路径，如图8-48所示。选择横排文字工具 T，将鼠标指针放在路径上，鼠标指针将变为 ↙ 形状，如图8-49所示，单击将出现闪烁的光标，此处为输入文字的起点。输入的文字会沿着路径排列，效果如图8-50所示。

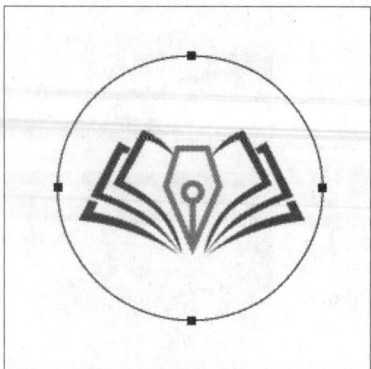
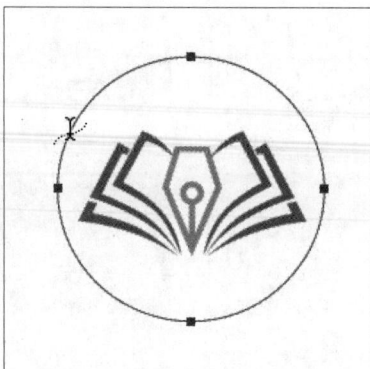

图8-48　　　　　　　　　　图8-49　　　　　　　　　　图8-50

文字输入完成后，"路径"面板中会自动生成文字路径，如图8-51所示。取消"视图 > 显示额外内容"命令的选中状态，可以隐藏文字路径，如图8-52所示。

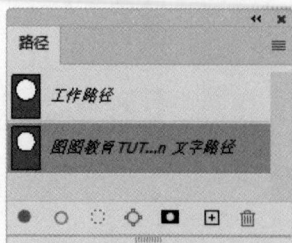

图8-51　　　　　　　　　　　　图8-52

提示　"路径"面板中的文字路径与"图层"面板中相应的文字图层是链接的，删除文字图层时，文字路径会自动被删除。如果要修改文字的排列形状，需要对文字路径进行修改。

2. 在路径上移动文字

选择路径选择工具 ▶，将鼠标指针放置在路径文字上，鼠标指针变为 ⊁ 形状，如图8-53所示。沿着路径拖曳鼠标，可以移动文字，效果如图8-54所示。

图8-53

图8-54

3. 在路径上翻转文字

选择路径选择工具 ▶，将鼠标指针放置在文字上，鼠标指针变为 ⊁ 形状，如图8-55所示。将文字向路径内侧拖曳，可以沿路径翻转文字，效果如图8-56所示。

图8-55

图8-56

4. 修改排列形态

选择直接选择工具 ▶，在路径上单击，路径上显示出控制手柄，拖曳控制手柄可修改路径的形状，如图8-57所示。文字会按照修改后的路径排列，效果如图8-58所示。

图8-57

图8-58

项目实践 **制作冰淇淋新品宣传单**

项目要点 使用钢笔工具、横排文字工具和"字符"面板制作路径文字，使用横排文字工具和直排文字工具添加其他相关信息。最终效果参看学习资源中的"Ch08\效果\制作冰淇淋新品宣传单.psd"，如图8-59所示。

图8-59

课后习题 **制作传统工艺App主页Banner**

习题要点 使用图层样式为图片添加特殊效果，使用横排文字工具和"字符"面板输入文字，使用钢笔工具绘制形状，使用移动工具添加图片。最终效果参看学习资源中的"Ch08\效果\制作传统工艺App主页Banner.psd"，如图8-60所示。

图8-60

项目 9

通道与蒙版

本项目主要介绍Photoshop中通道与蒙版的使用方法。通过学习本项目内容，读者可以掌握通道的基本操作和计算方法，以及各种蒙版的创建和使用技巧，从而快速、准确地创作出精美的图像。

学习目标
- 了解"通道"面板和通道的计算方法。
- 掌握图层蒙版的应用技巧。
- 掌握剪贴蒙版和矢量蒙版的应用方法。

技能目标
- 掌握婚纱摄影宣传海报的制作方法。
- 掌握化妆品详情页主图的制作方法。
- 掌握博物展宣传海报的制作方法。

素养目标
- 培养获取和评估信息的能力。
- 培养对信息进行加工处理并合理使用的能力。
- 培养快速合成图像的能力。

任务9.1 掌握"通道"面板的应用

通过对任务实践的学习，读者可以掌握"通道"面板在实践操作中的应用。通过对任务知识的学习，读者可以掌握"通道"面板的具体操作方法。

任务实践 **制作婚纱摄影宣传海报**

任务目标 学习使用"通道"面板抠出婚纱。

任务要点 使用钢笔工具抠出需要的图像，使用"色阶"命令调整图片，使用"通道"面板和"计算"命令抠出婚纱。最终效果参看学习资源中的"Ch09\效果\制作婚纱摄影宣传海报.psd"，如图9-1所示。

图9-1

任务操作

01 按Ctrl+O快捷键，打开本书学习资源中的"Ch09\素材\制作婚纱摄影宣传海报\01"文件，如图9-2所示。选择钢笔工具 ，在属性栏的"选择工具模式"下拉列表中选择"路径"选项，沿着人物的轮廓绘制路径，绘制时要避开半透明的婚纱，如图9-3所示。

02 按Ctrl+Enter快捷键，将路径转换为选区，如图9-4所示。单击"通道"面板下方的"将选区存储为通道"按钮 ，将选区存储为通道，如图9-5所示。按Ctrl+D快捷键，取消选区。

图9-2

图9-3

图9-4

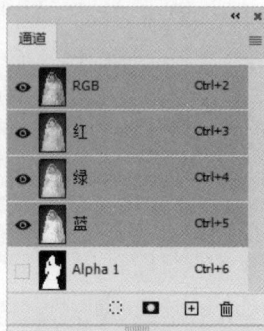

图9-5

03 将"蓝"通道拖曳到"通道"面板下方的"创建新通道"按钮 ▣ 上，复制通道，得到"蓝 拷贝"通道，如图9-6所示。选择钢笔工具 ✍，在图像窗口中绘制路径，如图9-7所示。按Ctrl+Enter快捷键，将路径转换为选区，效果如图9-8所示。

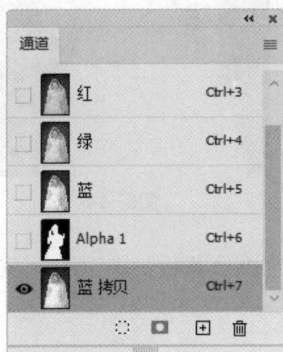

图9-6   图9-7   图9-8

04 将前景色设为黑色，按Alt+Delete快捷键，用前景色填充选区。按Ctrl+D快捷键，取消选区，效果如图9-9所示。选择"图像 > 计算"命令，在弹出的"计算"对话框中进行设置，如图9-10所示，单击"确定"按钮，得到新的通道图像，效果如图9-11所示。

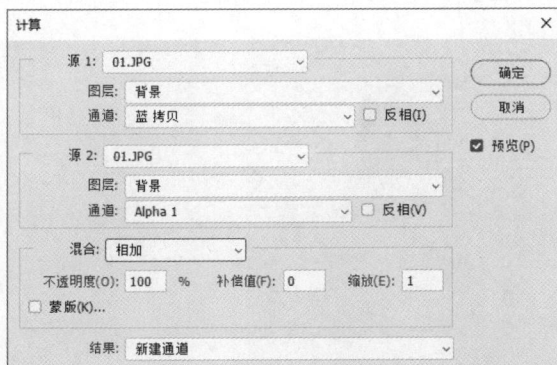

图9-9   图9-10   图9-11

05 选择"图像 > 调整 > 色阶"命令，弹出"色阶"对话框，各选项的设置如图9-12所示，单击"确定"按钮，效果如图9-13所示。按住Ctrl键的同时，单击"Alpha 2"通道的缩览图，载入婚纱选区，效果如图9-14所示。

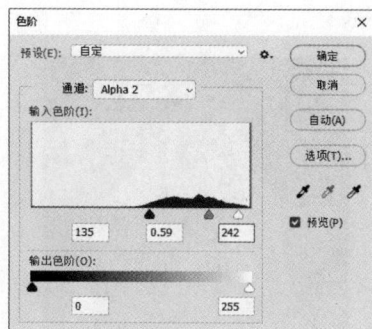

图9-12　　　　　　　　　　图9-13　　　　　　　　　　图9-14

06 单击"RGB"通道，显示彩色图像。单击"图层"面板下方的"添加图层蒙版"按钮▢，添加图层蒙版，如图9-15所示，抠出婚纱图像，效果如图9-16所示。

07 按Ctrl+N快捷键，弹出"新建文档"对话框，设置宽度为1242像素，高度为2208像素，分辨率为72像素/英寸，颜色模式为RGB颜色，背景内容为灰色（229、229、227），单击"创建"按钮，新建一个文件，如图9-17所示。

08 选择矩形工具▢，在属性栏的"选择工具模式"下拉列表中选择"形状"选项，将"填充"颜色设为灰色（229、229、227），"描边"颜色设为无，在图像窗口中绘制一个矩形，如图9-18所示。"图层"面板中生成新的形状图层"矩形 1"。

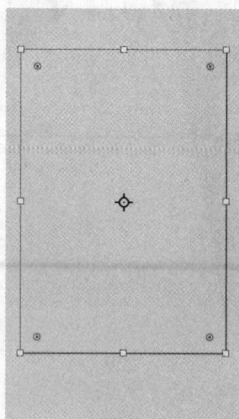

图9-15　　　　　　　　图9-16　　　　　　　　图9-17　　　　　　　　图9-18

09 按Ctrl+O快捷键，打开本书学习资源中的"Ch09\素材\制作婚纱摄影宣传海报\02"文件。选择移动工具✛，将"02"图片拖曳到新建的图像窗口中适当的位置，如图9-19所示。"图层"面板中生成新的图层，将其重命名为"底图"。按Alt+Ctrl+G快捷键，为图层创建剪贴蒙版，效果如图9-20所示。

10 选中"01"图像窗口。选择移动工具✛，将"01"图片拖曳到新建的图像窗口中适当的位置并调整其大小，如图9-21所示。"图层"面板中生成新的图层，将其重命名为"抠图"。按Alt+Ctrl+G快捷键，为图层创建剪贴蒙版。

11 按Ctrl+O快捷键，打开本书学习资源中的"Ch09\素材\制作婚纱摄影宣传海报\03"文件。选择移动工具 ⊕，将"03"图片拖曳到新建的图像窗口中适当的位置，如图9-22所示。"图层"面板中生成新的图层，将其重命名为"文字"。婚纱摄影宣传海报制作完成。

图9-19　　　　　　　图9-20　　　　　　　图9-21　　　　　　　图9-22

任务知识

9.1.1 "通道"面板

"通道"面板用于管理所有的通道并对通道进行编辑。

选择"窗口 > 通道"命令，会弹出"通道"面板，如图9-23所示。在面板中，放置区用于存放当前图像中存在的所有通道。在放置区中，如果选中的只是其中的一个通道，则只有这个通道上会出现灰色条。如果想选中多个通道，可以按住Shift键再单击其他通道。通道左侧的 ◉ 图标用于显示或隐藏颜色通道。

在"通道"面板的底部有4个工具按钮，如图9-24所示。

图9-23　　　　　　　　　　图9-24

：用于将通道作为选区调出。：用于将选区存入通道。：用于创建或复制新的通道。：用于删除图像中的通道。

9.1.2 创建新通道

在编辑图像的过程中，可以建立新的通道。

单击"通道"面板右上方的 按钮，会弹出面板菜单，选择"新建通道"命令，会弹出"新建通道"对话框，如图9-25所示。

名称：用于设置新通道的名称。**色彩指示：**用于选择色彩的指示区域。**颜色：**用于设置新通道的颜色。**不透明度：**用于设置新通道的不透明度。

单击"确定"按钮，"通道"面板中将创建一个新通道，即"Alpha 1"，如图9-26所示。

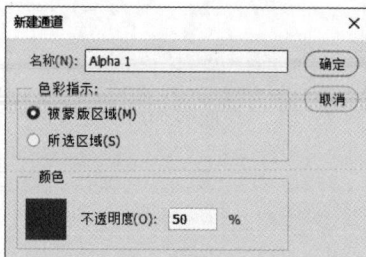

图9-25

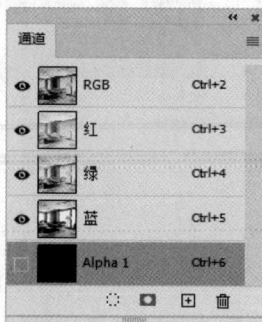

图9-26

单击"通道"面板下方的"创建新通道"按钮 ，也可以创建一个新通道。

9.1.3 复制通道

"复制通道"命令用于对现有的通道进行复制，产生属性相同的多个通道。

单击"通道"面板右上方的 按钮，会弹出面板菜单，选择"复制通道"命令，会弹出"复制通道"对话框，如图9-27所示。

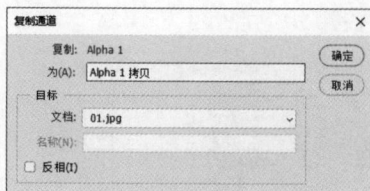

图9-27

为：用于设置复制出的新通道的名称。**文档：**用于设置复制通道的文件来源。

将需要复制的通道拖曳到面板下方的"创建新通道"按钮 上，即可将所选的通道进行复制，得到一个新的通道。

9.1.4 删除通道

单击"通道"面板右上方的▤按钮，会弹出面板菜单，选择"删除通道"命令，即可将通道删除。

单击"通道"面板下方的"删除当前通道"按钮▥，会弹出提示对话框，如图9-28所示，单击"是"按钮，即可将通道删除。也可将需要删除的通道直接拖曳到"删除当前通道"按钮▥上进行删除。

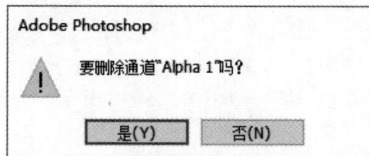

图9-28

9.1.5 通道选项

单击"通道"面板右上方的▤按钮，会弹出面板菜单，选择"通道选项"命令，会弹出"通道选项"对话框，如图9-29所示。

名称：用于设置通道名称。**被蒙版区域：**设置被蒙版区域以深色显示，非蒙版区域以透明效果显示。**所选区域：**设置被蒙版区域以透明效果显示，非蒙版区域以深色显示。**专色：**设置被蒙版区域以专色显示。**颜色：**用于设置填充蒙版的颜色。**不透明度：**用于设置蒙版的不透明度。

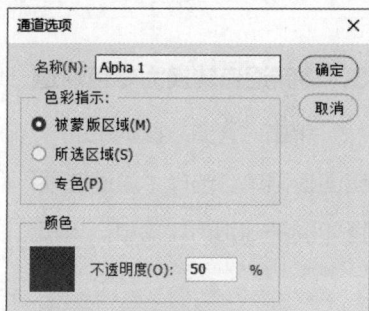

图9-29

9.1.6 专色通道

专色通道是指在CMYK模式的4色以外单独制作的通道，用来放置金色、银色或者一些特殊的其他专色。

1. 新建专色通道

单击"通道"面板右上方的▤按钮，会弹出面板菜单，选择"新建专色通道"命令，会弹出"新建专色通道"对话框，如图9-30所示。

图9-30

名称：用于设置新建的专色通道的名称。**颜色：**用于选择专色的颜色。**密度：**用于设置专色的显示透明度，数值范围为0%~100%。

2. 绘制专色

单击"通道"面板中新建的专色通道。选择画笔工具✐，在属性栏中进行设置，如图9-31所示。在图像中进行绘制，效果如图9-32所示，"通道"面板如图9-33所示。

图9-31   图9-32   图9-33

> **提示**　前景色为黑色，绘制的专色是不透明的。前景色是其他中间色，绘制的专色是不同透明度的。前景色为白色，绘制的专色是透明的。

3．将新通道转换为专色通道

单击"通道"面板中的"Alpha 1"通道，如图9-34所示。单击"通道"面板右上方的 ≡ 按钮，会弹出面板菜单。选择"通道选项"命令，会弹出"通道选项"对话框，选中"专色"单选项，其他选项的设置如图9-35所示。单击"确定"按钮，可将"Alpha 1"通道转换为专色通道，如图9-36所示。

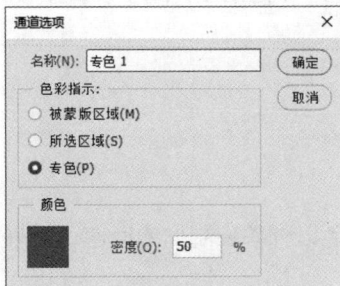

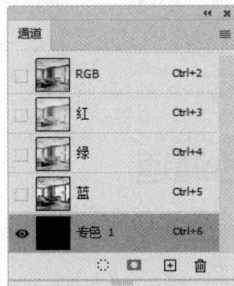

图9-34   图9-35   图9-36

4．合并专色通道

单击"通道"面板中新建的专色通道，如图9-37所示。单击"通道"面板右上方的 ≡ 按钮，会弹出面板菜单，选择"合并专色通道"命令，可将专色通道合并，如图9 38所示。

图9-37   图9-38

9.1.7　分离与合并通道

　　打开一张图片，单击"通道"面板右上方的 ≡ 图标，会弹出面板菜单，选择"分离通道"命令，可将图像中的每个通道分离成各自独立的8位灰度图像。图像原始效果如图9-39所示，分离后的效果如图9-40所示。

图9-39　　　　　　　　　　图9-40

　　单击"通道"面板右上方的 ≡ 按钮，会弹出面板菜单，选择"合并通道"命令，会弹出"合并通道"对话框，如图9-41所示。设置完成后单击"确定"按钮，会弹出"合并RGB通道"对话框，如图9-42所示，可以在选定的颜色模式中为每个通道指定一幅灰度图像，被指定的图像可以是同一幅图像，也可以是不同的图像，但这些图像的大小必须是相同的，且必须是打开的。单击"确定"按钮，效果如图9-43所示。

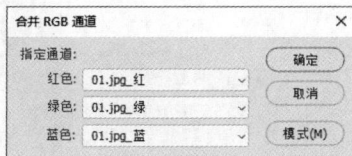

图9-41　　　　　　　　　图9-42　　　　　　　　　图9-43

9.1.8　通道运算

　　使用通道计算命令可以按照各种合成方式合成两个通道中的图像，要进行通道计算的图像尺寸必须一致。

1.　应用图像

　　选择"图像 > 应用图像"命令，会弹出"应用图像"对话框，如图9-44所示。

　　源：用于选择源文件。**图层：**用于选择源文件的图层。**通道：**用于选择源通道。**反相：**勾选此复选框后，会在计算时使用通道内容的负片。**目标：**显示目标文件的名称及颜色模式等信息。**混合：**用于选择混合模式，即选择两个通道对应像素的计算方法。**不透明度：**用于设置图像的不透明度。**蒙版：**用于加入蒙版以限定选区。

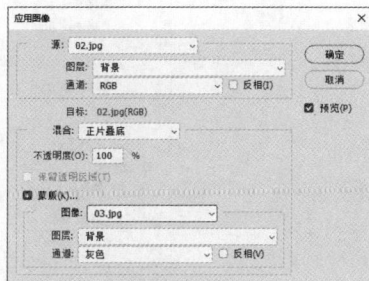

图9-44

提示 若要使用"应用图像"命令，必须确保源文件与目标文件的尺寸相同，因为参加计算的两个通道内的像素是一一对应的。

打开两幅尺寸相同的图像，分别为"02"图像和"03"图像，如图9-45和图9-46所示。在这两幅图像的"通道"面板中分别建立通道蒙版，其中黑色表示遮住的区域。选中这两幅图像的RGB通道，如图9-47和图9-48所示。

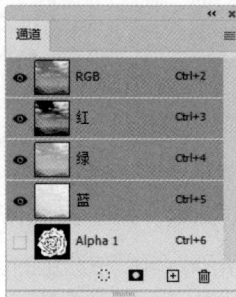

图9-45   图9-46   图9-47   图9-48

选择"03"图像。选择"图像 > 应用图像"命令，会弹出"应用图像"对话框，具体设置如图9-49所示，单击"确定"按钮，这两幅图像混合后的效果如图9-50所示。

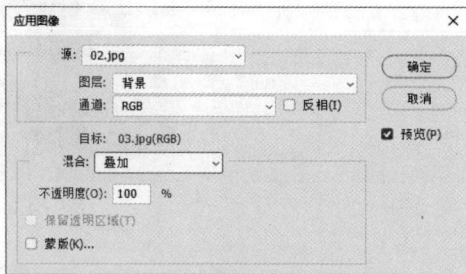

图9-49   图9-50

再次打开"应用图像"对话框，勾选"蒙版"复选框，显示其他选项，如图9-51所示。设置好后，单击"确定"按钮，这两幅图像混合后的效果如图9-52所示。

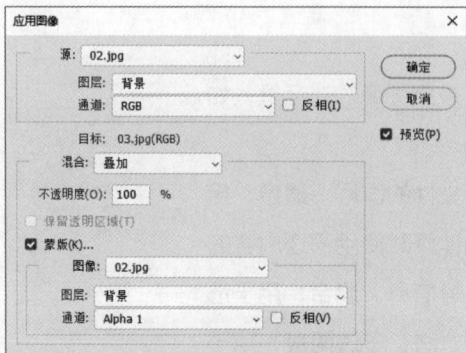

图9-51   图9-52

2. 计算

选择"图像 > 计算"命令，会弹出"计算"对话框，如图9-53所示。

图9-53

第1个选项组的"源1"选项用于选择源文件1，"图层"选项用于选择源文件1的图层，"通道"选项用于选择源文件1的通道，勾选"反相"复选框后，会在计算时使用通道内容的负片。第2个选项组的"源2""图层""通道"选项分别用于选择源文件2、源文件2的图层和通道。第3个选项组的"混合"选项用于选择混合模式，"不透明度"选项用于设置不透明度。"结果"选项用于指定处理结果的存放位置。

选择"图像 > 计算"命令，会弹出"计算"对话框，具体设置如图9-54所示。单击"确定"按钮，对两幅图像进行通道运算后得到的新通道如图9-55所示，图像效果如图9-56所示。

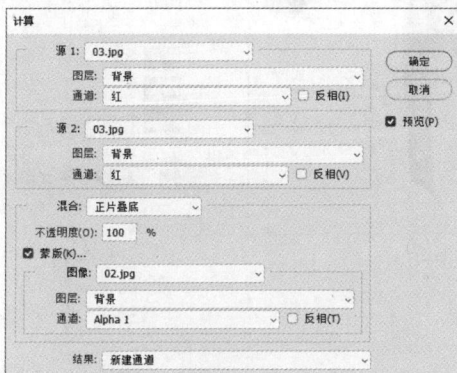

图9-54

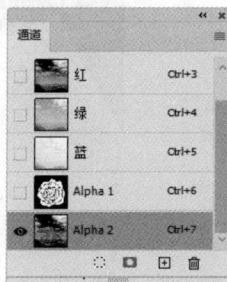

图9-55

图9-56

提示　虽然"计算"命令与"应用图像"命令一样，都是对两个通道的相应内容进行计算处理，但是二者也有区别。用"应用图像"命令处理后的结果可作为源文件或目标文件使用；而用"计算"命令处理后的结果则存为一个通道，如Alpha通道，其可转换为选区以进行其他操作。

9.1.9 通道蒙版

1. 快速蒙版的制作

打开一张图片，如图9-57所示。选择快速选择工具，在建筑上拖曳鼠标以生成选区，如图9-58所示。

图9-57

图9-58

单击工具箱下方的"以快速蒙版模式编辑"按钮 ▣，进入快速蒙版模式，选区暂时消失，图像中未被选择区域变为红色，如图9-59所示。"通道"面板中将自动生成快速蒙版，如图9-60所示，此通道的图像效果如图9-61所示。

提示 系统预设蒙版的颜色为半透明的红色。

图9-59   图9-60   图9-61

选择画笔工具 ✎，在属性栏中进行设置，如图9-62所示。将快速蒙版中需要的区域（右上方位置）绘制为白色，此通道的图像效果和"通道"面板分别如图9-63和图9-64所示。

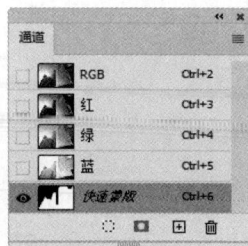

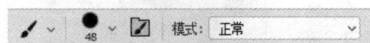

图9-62   图9-63   图9-64

2. 在Alpha通道中存储蒙版

在图像中绘制选区，如图9-65所示。选择"选择 > 存储选区"命令，会弹出"存储选区"对话框，具体设置如图9-66所示。单击"确定"按钮，或单击"通道"面板中的"将选区存储为通道"按钮 ▣，建立通道蒙版"建筑"。"通道"面板和此通道的图像效果分别如图9-67和图9-68所示。

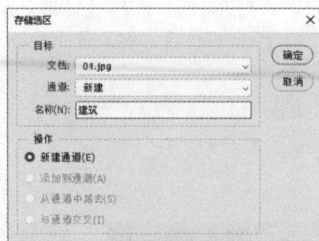

图9-65   图9-66   图9-67   图9-68

3. 在Alpha通道中载入选区

将图像保存，再次打开图像时，选择"选择 > 载入选区"命令，会弹出"载入选区"对话框，具体设置如图9-69所示。单击"确定"按钮，或单击"通道"面板中的"将通道作为选区载入"按钮 ○，将"建筑"通道作为选区载入，效果如图9-70所示。

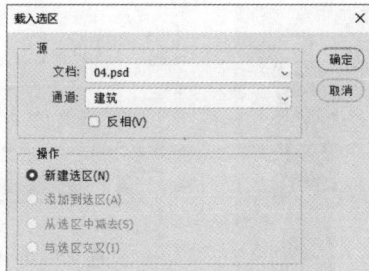

图9-69

图9-70

任务9.2 掌握图层蒙版的应用

通过对任务实践的学习，读者可以掌握图层蒙版在实践操作中的应用。通过对任务知识的学习，读者可以掌握图层蒙版的创建方法和具体使用方法。

任务实践 制作化妆品详情页主图

任务目标 学习使用图层蒙版制作化妆品投影。

任务要点 使用图层蒙版和渐变工具制作化妆品投影，使用移动工具添加产品和相关信息。最终效果参看学习资源中的"Ch09\效果\制作化妆品详情页主图.psd"，如图9-71所示。

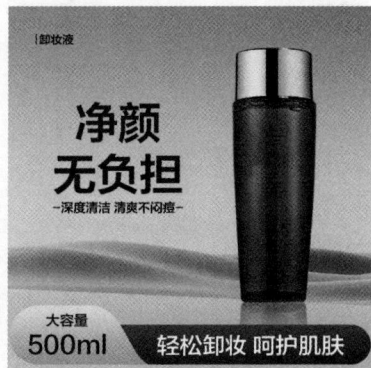

图9-71

任务操作

01 按Ctrl＋O快捷键，打开本书学习资源中的"Ch09\素材\制作化妆品详情页主图\01、02"文件。选择移动工具⊕，将"02"图片拖曳到"01"图像窗口中适当的位置，效果如图9-72所示。"图层"面板中生成新的图层，将其重命名为"化妆品"。

02 按Ctrl+J快捷键，复制图像。"图层"面板中生成新图层"化妆品 拷贝"。将"化妆品 拷贝"图层拖曳到"化妆品"图层的下方。按Ctrl+T快捷键，图像周围出现变换框。在变换框中单击鼠标右键，在弹出的菜单中选择"垂直翻转"命令，垂直翻转图像，并将其拖曳到适当的位置，按Enter键确定操作，效果如图9-73所示。单击"图层"面板下方的"添加图层蒙版"按钮▣，为图层添加蒙版，如图9-74所示。

| 图9-72 | 图9-73 | 图9-74 |

03 按D键，恢复默认的前景色和背景色。选择渐变工具 ，在属性栏中设置渐变填充方式为"经典渐变"，单击右侧的"点按可编辑渐变"按钮 ，弹出"渐变编辑器"对话框。选择"基础"预设中的"前景色到背景色渐变"选项，如图9-75所示，单击"确定"按钮。在图像窗口中从下向上拖曳鼠标以绘制渐变，效果如图9-76所示。

04 选中"化妆品"图层。按Ctrl+O快捷键，打开本书学习资源中的"Ch09\素材\制作化妆品详情页主图\03"文件。选择移动工具 ，将"03"图片拖曳到"01"图像窗口中适当的位置，效果如图9-77所示。"图层"面板中生成新的图层，将其重命名为"文字"。化妆品详情页主图制作完成。

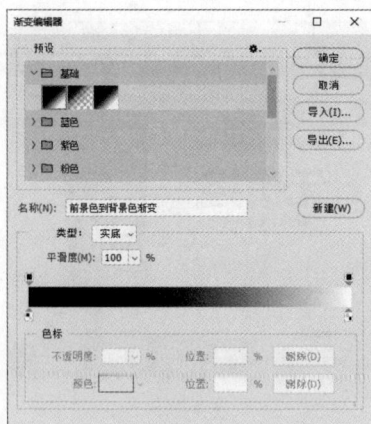

| 图9-75 | 图9-76 | 图9-77 |

任务知识

9.2.1 添加图层蒙版

单击"图层"面板下方的"添加图层蒙版"按钮 ，可以创建图层蒙版，如图9-78所示；按住Alt键的同时单击"图层"面板下方的"添加图层蒙版"按钮 ，可以创建一个遮盖全部图层的蒙版，如图9-79所示。

选择"图层 > 图层蒙版 > 显示全部"命令，可以显示全部图像；选择"图层 > 图层蒙版 > 隐藏全部"命令，可以隐藏全部图像。

图9-78　　　　　　　　　　　图9-79

9.2.2 隐藏图层蒙版

按住Alt键的同时单击图层蒙版缩览图，图像窗口中的图像将被隐藏，只显示图层蒙版的内容，如图9-80所示，"图层"面板如图9-81所示。按住Alt键的同时再次单击图层蒙版缩览图，将恢复图像窗口中的图像效果。按住Shift+Alt快捷键的同时单击图层蒙版缩览图，将同时显示图像和图层蒙版的内容。

图9-80　　　　　　　图9-81

9.2.3 图层蒙版的链接

在"图层"面板中，若图层缩览图与图层蒙版缩览图之间有一个⑧图标，表示图层图像与蒙版相关联，移动图像时蒙版会同步移动。单击⑧图标，将不再显示此图标，可以分别对图像与蒙版进行操作。

9.2.4 应用及删除图层蒙版

在"通道"面板中，双击蒙版通道，会弹出"图层蒙版显示选项"对话框，如图9-82所示，可以对蒙版的颜色和不透明度进行设置。

图9-82

选择"图层 > 图层蒙版 > 停用"命令，或按住Shift键的同时单击"图层"面板中的图层蒙版缩览图，图层蒙版会被停用，如图9-83所示，图像将全部显示，如图9-84所示。按住Shift键的同时再次单击图层蒙版缩览图，将恢复图层蒙版的效果，如图9-85所示。

选择"图层 > 图层蒙版 > 删除"命令，或在图层蒙版缩览图上单击鼠标右键，在弹出的菜单中选择"删除图层蒙版"命令，可以将图层蒙版删除。

图9-83

图9-84

图9-85

9.2.5 上下文任务栏

单击上下文任务栏中的 移除背景 按钮，可快速抠取图像，如图9-86所示，"图层"面板如图9-87所示。上下文任务栏中的按钮将变为蒙版操作按钮，如图9-88所示，可进行添加蒙版、减去蒙版、修改蒙版羽化和密度效果、隐藏蒙版、更改蒙版视图等操作。

图9-86

图9-87

图9-88

任务9.3 掌握剪贴蒙版与矢量蒙版的应用

通过对任务实践的学习，读者可以掌握剪贴蒙版在实践操作中的应用。通过对任务知识的学习，读者可以掌握剪贴蒙版和矢量蒙版的创建方法和具体操作方法。

任务实践 制作博物展宣传海报

任务目标 学习使用图层蒙版和剪贴蒙版制作博物展宣传海报。

任务要点 使用椭圆工具和剪贴蒙版处理照片，使用移动工具添加宣传文字。最终效果参看学习资源中的"Ch09\效果\制作博物展宣传海报.psd"，如图9-89所示。

图9-89

任务操作

01 按Ctrl+N快捷键，弹出"新建文档"对话框，设置宽度为1242像素，高度为2208像素，分辨率为72像素/英寸，颜色模式为RGB颜色，背景内容设为白色，单击"创建"按钮，新建一个文件。

02 选择椭圆工具 ◎，在属性栏中将"填充"颜色设为黑色，"描边"颜色设为无。按住Shift键的同时，在图像窗口中绘制圆形，如图9-90所示。"图层"面板中生成新的形状图层"椭圆1"。

03 按Ctrl+O快捷键，打开本书学习资源中的"Ch09\素材\制作博物展宣传海报\01"文件。选择移动工具 ⊕，将"01"图片拖曳到新建的图像窗口中适当的位置，效果如图9-91所示。"图层"面板中生成新的图层，将其重命名为"图1"。按Alt+Ctrl+G快捷键，为图层创建剪贴蒙版，效果如图9-92所示。

  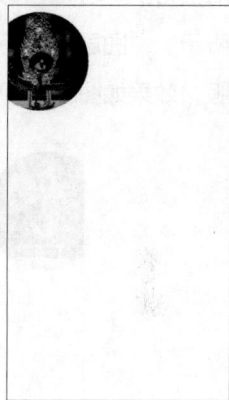

图9-90　　　　　　　图9-91　　　　　　　图9-92

04 选择椭圆工具 ◎，在属性栏中将"填充"颜色设为黑色，"描边"颜色设为无。按住Shift键的同时，在图像窗口中绘制圆形，如图9-93所示。"图层"面板中生成新的形状图层"椭圆2"。选择移动工具 ⊕，按住Alt+Shift快捷键的同时，在图像窗口中垂直向下拖曳圆形到适当的位置，复制圆形，如图9-94所示。"图层"面板中生成新的形状图层"椭圆2拷贝"。

05 按Ctrl+O快捷键，打开本书学习资源中的"Ch09\素材\制作博物展宣传海报\02"文件。选择移动工具 ⊕，将"02"图片拖曳到新建的图像窗口中适当的位置，效果如图9-95所示。"图层"面板中生成新的图层，将其重命名为"图2"。按Alt+Ctrl+G快捷键，为图层创建剪贴蒙版，效果如图9-96所示。

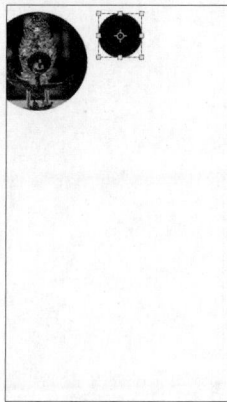 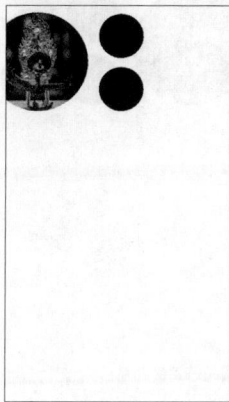  

图9-93　　　　　　图9-94　　　　　　图9-95　　　　　　图9-96

06 按住Shift键的同时，单击"椭圆 2"图层，将需要的图层同时选取。按Ctrl+J快捷键，复制图层。"图层"面板中生成新的图层"椭圆 2 拷贝 2""椭圆 2 拷贝 3""图 2 拷贝"。按Ctrl+T快捷键，图像周围出现变换框，按住Shift键的同时，将其水平向右拖曳到适当的位置，按Enter键确定操作，效果如图9-97所示。

07 选中"椭圆 2 拷贝 2"图层。按Ctrl+O快捷键，打开本书学习资源中的"Ch09\素材\制作博物展宣传海报\03"文件。选择移动工具 ，将"03"图片拖曳到新建的图像窗口中适当的位置，效果如图9-98所示。"图层"面板中生成新的图层，将其重命名为"图 3"。按Alt+Ctrl+G快捷键，为图层创建剪贴蒙版，效果如图9-99所示。

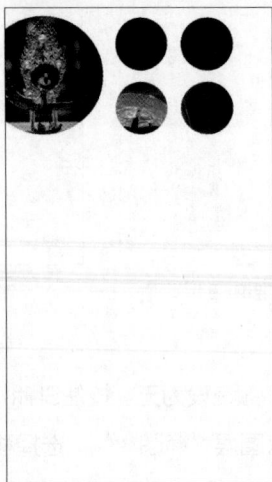
图9-97

图9-98

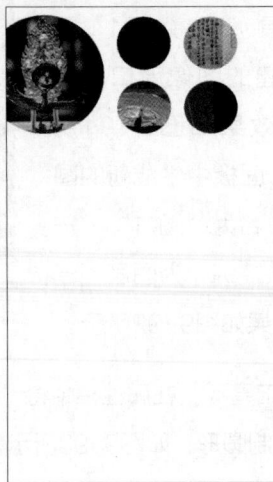
图9-99

08 选中"图 2 拷贝"图层，按Delete键将其删除，如图9-100所示。按Ctrl+O快捷键，打开本书学习资源中的"Ch09\素材\制作博物展宣传海报\04"文件。选择移动工具 ，将"04"图片拖曳到新建的图像窗口中适当的位置，效果如图9-101所示。"图层"面板中生成新的图层，将其重命名为"图 4"。

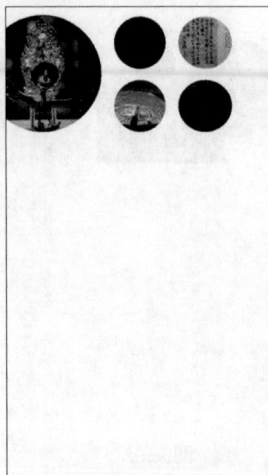
图9-100

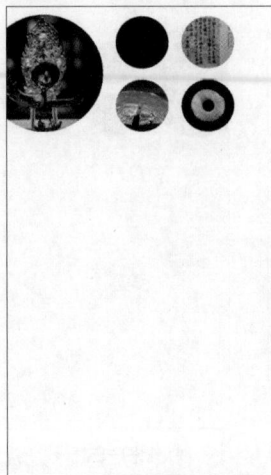
图9-101

09 使用上述方法，复制出"椭圆 2 拷贝 4""图5""椭圆 2 拷贝 5"图层，图像效果如图9-102所示。选中"椭圆 2 拷贝 3"图层。选择椭圆工具 ，在属性栏中将"填充"颜色设为土黄色（176、122、52），图像效果如图9-103所示。

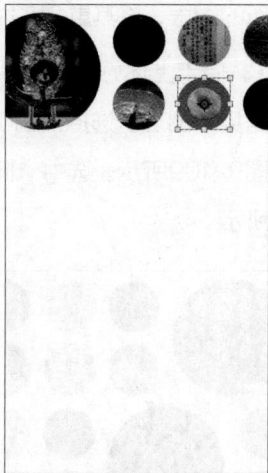

图9-102　　　　　　图9-103

10 在"图层"面板中选中"椭圆 1"图层，按住Shift键的同时，单击"椭圆 2 拷贝 5"图层，将需要的图层同时选取。按Ctrl+G快捷键，群组图层。"图层"面板中生成新的图层组"组1"。按Ctrl+J快捷键，复制图层组，"图层"面板中生成新的图层组"组1 拷贝"。按Ctrl+T快捷键，图像周围出现变换框，将其向下拖曳到适当的位置，按Enter键确定操作，效果如图9-104所示。

11 展开"组1 拷贝"图层组。选中"椭圆 2 拷贝 5"图层，按住Shift键的同时，单击"椭圆 2 拷贝 4"图层，将需要的图层同时选取。按Ctrl+T快捷键，图像周围出现变换框，按住Shift键的同时，将其水平向左拖曳到适当的位置，按Enter键确定操作，效果如图9-105所示。选中"组1 拷贝"图层组中的"图 1"图层，按Delete键将其删除，如图9-106所示。

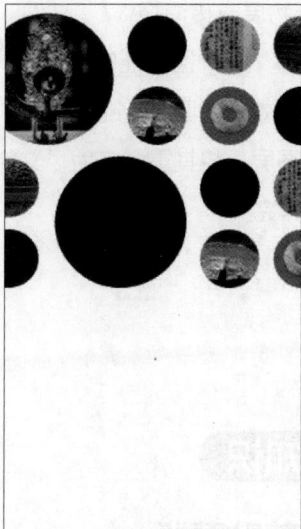

图9-104　　　　　　　　图9-105　　　　　　　　图9-106

12 按Ctrl+O快捷键，打开本书学习资源中的"Ch09\素材\制作博物展宣传海报\06"文件。选择移动工具 ，将"06"图片拖曳到新建的图像窗口中适当的位置，效果如图9-107所示。"图层"面板中生成新的图层，将其重命名为"图6"。

13 使用上述方法，删除并添加其他图片，效果如图9-108所示。选中"组1 拷贝"图层组中的"椭圆 2 拷贝"图层。选择椭圆工具 ⊙，在属性栏中将"填充"颜色设为土黄色（176、122、52），图像效果如图9-109所示。选中"椭圆 2 拷贝 3"图层，在属性栏中将"填充"颜色设为黑色，图像效果如图9-110所示。

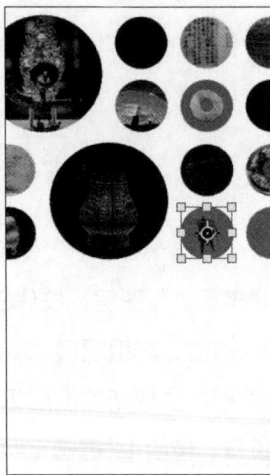
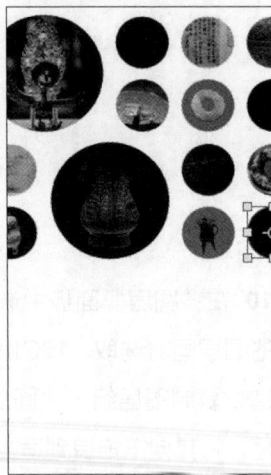

图9-107　　　　　　　　图9-108　　　　　　　　图9-109　　　　　　　　图9-110

14 折叠"组1 拷贝"图层组。使用上述方法编辑"组1 拷贝2"图层组，效果如图9-111所示。按Ctrl+O快捷键，打开本书学习资源中的"Ch09\素材\制作博物展宣传海报\17"文件。选择"移动"工具 ⊕，将"17"图片拖曳到新建的图像窗口中适当的位置，效果如图9-112所示。"图层"面板中生成新的图层，将其重命名为"文字"。博物展宣传海报制作完成。

图9-111　　　　　　　　图9-112

任务知识

9.3.1 剪贴蒙版

打开一张图片，如图9-113所示，"图层"面板如图9-114所示。按住Alt键的同时，将鼠标指针放置在"图层1"和"矩形1"的中间，鼠标指针变为 ⬐□ 形状，如图9-115所示。

图9-113 图9-114 图9-115

单击可创建剪贴蒙版，如图9-116所示，效果如图9-117所示。此外，在"图层"面板中选中"图层1"，选择"图层 > 创建剪贴蒙版"命令，或按Alt+Ctrl+G快捷键，也可创建剪贴蒙版。选择移动工具 ⊕，移动"图层1"中的图像，效果如图9-118所示。

图9-116 图9-117 图9-118

选中剪贴蒙版，选择"图层 > 释放剪贴蒙版"命令，或按Alt+Ctrl+G快捷键，即可释放剪贴蒙版。

9.3.2 矢量蒙版

打开一张图片，如图9-119所示。选择多边形工具 ⊙，在属性栏的"选择工具模式"下拉列表中选择"路径"选项，单击 ⚙ 按钮，在弹出的面板中进行设置，如图9-120所示。

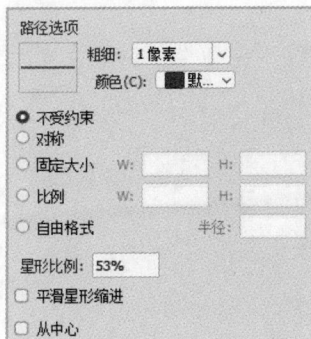

图9-119 图9-120

在图像窗口中绘制路径，如图9-121所示。选中"图片"图层，选择"图层 > 矢量蒙版 > 当前路径"命令，可为图片添加矢量蒙版，如图9-122所示，效果如图9-123所示。选择直接选择工具 ▷，可以修改路径的形状，从而修改蒙版的遮挡区域，如图9-124所示。

图9-121

图9-122

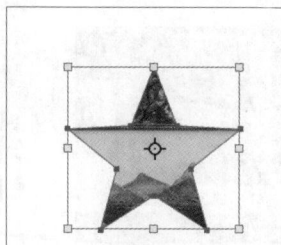

图9-123

图9-124

项目实践 制作合成图像

项目要点 使用"应用图像"命令制作合成图像。最终效果参看学习资源中的"Ch09\效果\制作合成图像.psd",如图9-125所示。

图9-125

课后习题 制作影视宣传海报

习题要点 使用"应用图像"命令合成图像,使用"色阶"命令和"色相/饱和度"命令创建调整图层,调整图片颜色,使用横排文字工具和直排文字工具输入文字。最终效果参看学习资源中的"Ch09\效果\制作影视宣传海报.psd",如图9-126所示。

图9-126

项目 10

/

滤镜效果

/

本项目主要介绍Photoshop中的滤镜效果，包括滤镜的分类、滤镜的使用技巧。通过学习本项目内容，读者能够应用丰富的滤镜制作出美观、多变的图像效果。

学习目标

● 掌握滤镜效果的应用方法。

● 掌握滤镜的使用技巧。

技能目标

● 掌握彩妆网店详情页主图的制作方法。

● 掌握夏至节气宣传海报的制作方法。

素养目标

● 培养设计出独特效果的能力。

● 培养设计效果的表现能力。

● 培养不断实践和积极探索的能力。

任务10.1 掌握滤镜效果的应用

通过对任务实践的学习，读者可以掌握滤镜效果在实践操作中的应用。通过对任务知识的学习，读者可以掌握不同滤镜的使用方法。

选择"编辑 > 首选项 > 增效工具"命令，会弹出"首选项"对话框，勾选"显示滤镜库的所有组和名称"复选框，单击"确定"按钮。打开"滤镜"菜单，如图10-1所示。

Photoshop的"滤镜"菜单分为5个部分，并用横线划分。

第1部分为"上次滤镜操作"命令。没有使用滤镜时，此命令为灰色，不可选择。使用任意一种滤镜后，当需要重复使用这种滤镜时，只要直接选择这个命令或按Alt+Ctrl+F快捷键，即可重复使用。

第2部分为"转换为智能滤镜"命令。应用智能滤镜后，可随时对滤镜效果进行修改操作。

第3部分为"Neural Filters"滤镜，可快速对照片进行创意化编辑。

第4部分为"滤镜库"命令与5种Photoshop滤镜，每种滤镜的功能都十分强大。

第5部分为15种Photoshop滤镜组，大部分滤镜组中包含多个滤镜。

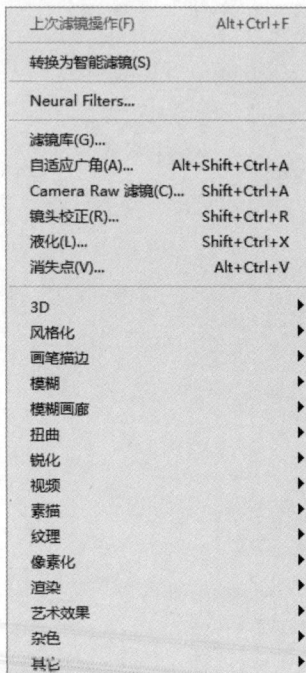

上次滤镜操作(F)	Alt+Ctrl+F
转换为智能滤镜(S)	
Neural Filters...	
滤镜库(G)...	
自适应广角(A)...	Alt+Shift+Ctrl+A
Camera Raw 滤镜(C)...	Shift+Ctrl+A
镜头校正(R)...	Shift+Ctrl+R
液化(L)...	Shift+Ctrl+X
消失点(V)...	Alt+Ctrl+V
3D	▶
风格化	▶
画笔描边	▶
模糊	▶
模糊画廊	▶
扭曲	▶
锐化	▶
视频	▶
素描	▶
纹理	▶
像素化	▶
渲染	▶
艺术效果	▶
杂色	▶
其它	▶

图10-1

任务实践 制作彩妆网店详情页主图

任务目标 学习使用"极坐标"滤镜、"风"滤镜和"径向模糊"滤镜制作粒子光。

任务要点 使用填充快捷键和图层样式制作背景，使用椭圆选框工具、"描边"命令、"极坐标"滤镜、"风"滤镜和"径向模糊"滤镜制作粒子光。最终效果参看学习资源中的"Ch10\效果\制作彩妆网店详情页主图.psd"，如图10-2所示。

图10-2

任务操作

01 按Ctrl+N快捷键，弹出"新建文档"对话框，设置宽度为800像素，高度为800像素，分辨率为72像素/英寸，颜色模式为RGB颜色，背景内容为白色，单击"创建"按钮，新建一个文件。

02 新建图层并将其命名为"背景色"。将前景色设为红色（211、0、0），按Alt+Delete快捷键，用前景色填充图层，效果如图10-3所示。

03 单击"图层"面板下方的"添加图层样式"按钮 fx，在弹出的菜单中选择"内阴影"命令，在弹出的"图层样式"对话框中，将阴影颜色设为黑色，其他选项的设置如图10-4所示。单击"确定"按钮，效果如图10-5所示。

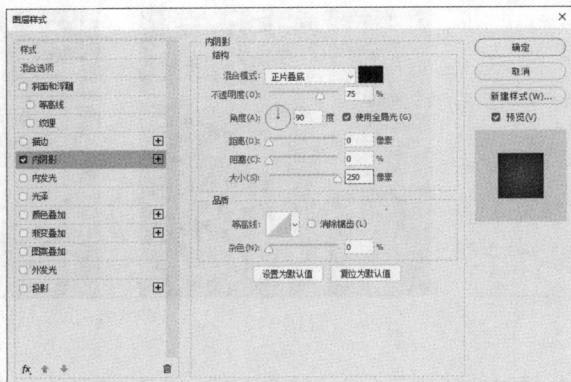
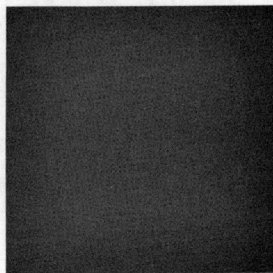

图10-3　　　　　　　　　　　　　　图10-4　　　　　　　　　　　　　　图10-5

04 新建图层并将其命名为"外光圈"。选择椭圆选框工具 ○，按住Shift键的同时，在图像窗口中拖曳鼠标以绘制圆形选区，如图10-6所示。选择"编辑 > 描边"命令，在弹出的"描边"对话框中，将"颜色"选项设为白色，其他选项的设置如图10-7所示，单击"确定"按钮。按Ctrl+D快捷键，取消选区，效果如图10-8所示。

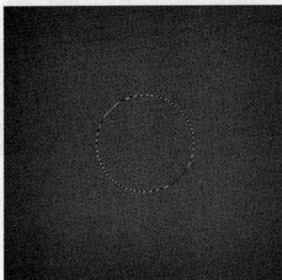
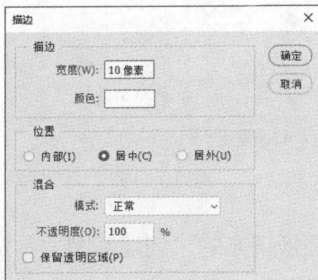
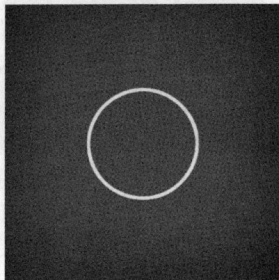

图10-6　　　　　　　　　　　　　　图10-7　　　　　　　　　　　　　　图10-8

05 选择"滤镜 > 扭曲 > 极坐标"命令，弹出"极坐标"对话框，各选项的设置如图10-9所示，单击"确定"按钮，效果如图10-10所示。选择"图像 > 图像旋转 > 逆时针90度"命令，旋转图像，效果如图10-11所示。

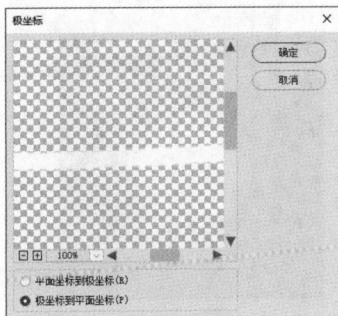
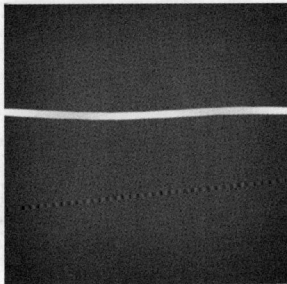
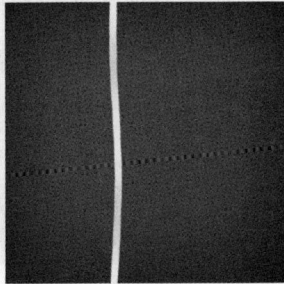

图10-9　　　　　　　　　　　　　　图10-10　　　　　　　　　　　　　　图10-11

175

06 选择"滤镜 > 风格化 > 风"命令，弹出"风"对话框，各选项的设置如图10-12所示，单击"确定"按钮，效果如图10-13所示。按Alt+Ctrl+F快捷键，重复使用"风"滤镜，效果如图10-14所示。

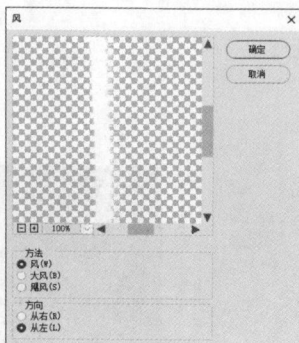
图10-12

图10-13

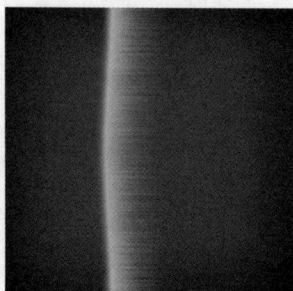
图10-14

07 选择"图像 > 图像旋转 > 顺时针90度"命令，旋转图像，效果如图10-15所示。选择"滤镜 > 扭曲 > 极坐标"命令，弹出"极坐标"对话框，各选项的设置如图10-16所示，单击"确定"按钮，效果如图10-17所示。

图10-15

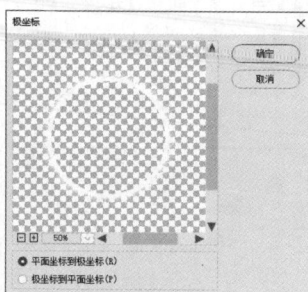
图10-16

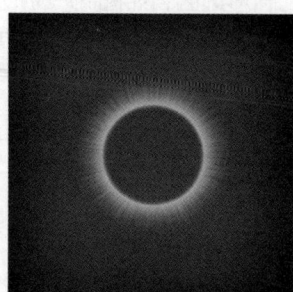
图10-17

08 按住Ctrl键的同时，单击"图层"面板下方的"创建新图层"按钮，在"外光圈"图层下方新建图层，并将其命名为"内光圈"。选择椭圆选框工具，在属性栏中将"羽化"选项设为6像素，按住Shift键的同时，在适当的位置绘制一个圆形选区。将前景色设为白色，按Alt+Delete快捷键，用前景色填充选区。按Ctrl+D快捷键，取消选区，效果如图10-18所示。

09 选择"滤镜 > 模糊 > 径向模糊"命令，弹出"径向模糊"对话框，各选项的设置如图10-19所示，单击"确定"按钮，效果如图10-20所示。

图10-18

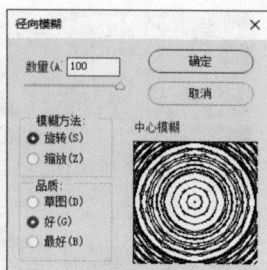
图10-19

图10-20

10 在"图层"面板中，按住Shift键的同时，单击"外光圈"图层，将需要的图层同时选取。按Ctrl+E快捷键，合并图层并将其重命名为"光"，如图10-21所示。

11 单击"图层"面板下方的"添加图层样式"按钮 *fx.*，在弹出的菜单中选择"内发光"命令，在弹出的"图层样式"对话框中，将发光颜色设为浅黄色（235、233、182），其他选项的设置如图10-22所示。

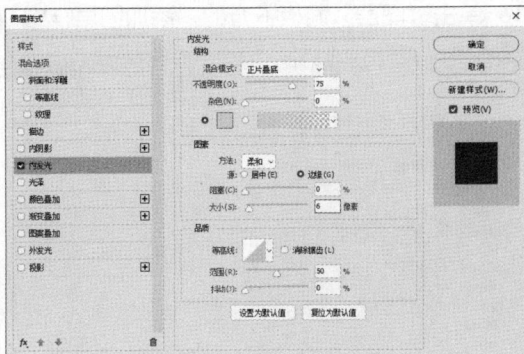

图10-21　　　　　　　　　　　图10-22

12 选择"外发光"选项，切换到相应的设置界面，将发光颜色设为红色（255、0、0），其他选项的设置如图10-23所示，单击"确定"按钮，效果如图10-24所示。

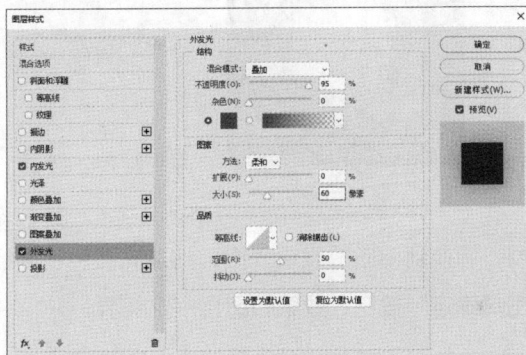

图10-23　　　　　　　　　图10-24

13 新建图层并将其命名为"外发光"。选择椭圆工具 ○，在属性栏中的"选择工具模式"下拉列表中选择"路径"选项，按住Shift键的同时，在适当的位置绘制一个圆形路径，如图10-25所示。

14 选择画笔工具 ∕，按F5键，弹出"画笔设置"面板，在"画笔设置"面板中选择"画笔笔尖形状"选项，切换到相应的设置界面，各选项的设置如图10-26所示。选择"形状动态"选项，切换到相应的设置界面，各选项的设置如图10-27所示。

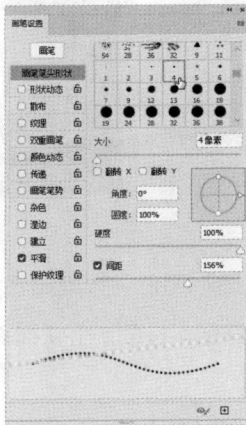

图10-25　　　　　　　图10-26　　　　　　　图10-27

15 选择"散布"选项，切换到相应的设置界面，各选项的设置如图10-28所示。单击"路径"面板下方的"用画笔描边路径"按钮○，对路径进行描边。按Delete键，删除该路径，效果如图10-29所示。

16 单击"图层"面板下方的"添加图层样式"按钮 *fx*，在弹出的菜单中选择"内发光"命令，在弹出的"图层样式"对话框中，将发光颜色设为橘黄色（255、94、31），其他选项的设置如图10-30所示。

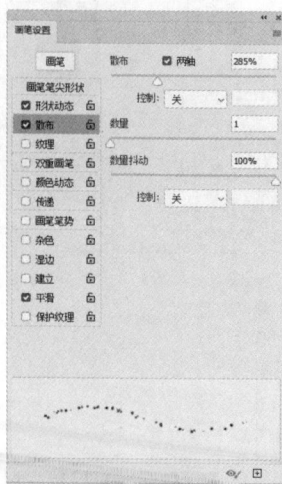
图10-28

图10-29

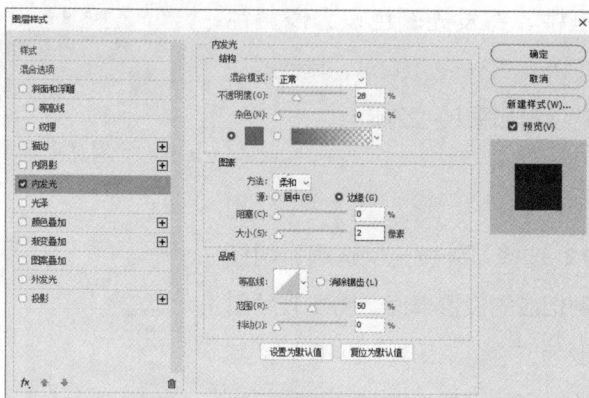
图10-30

17 选择"外发光"选项，切换到相应的设置界面，将发光颜色设为红色（255、0、0），其他选项的设置如图10-31所示，单击"确定"按钮，效果如图10-32所示。

18 按Ctrl+J快捷键，复制图层，"图层"面板中生成新的图层"外发光 拷贝"。按Ctrl+T快捷键，图像周围出现变换框，按住Alt键的同时，拖曳右上角的控制手柄以等比缩小图形，按Enter键确定操作，效果如图10-33所示。

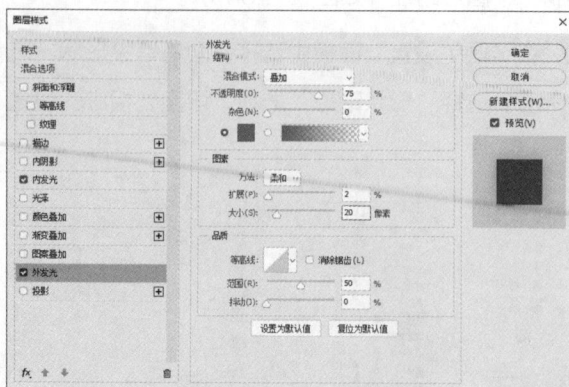
图10-31

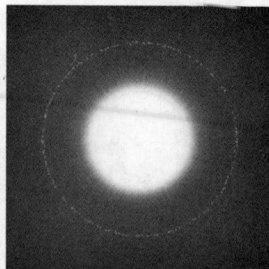
图10-32

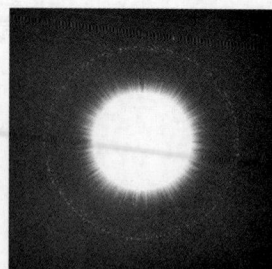
图10-33

19 使用上述方法复制多个图形并分别等比缩小图形，效果如图10-34所示。按住Shift键的同时，单击"外发光 拷贝2"图层，将需要的图层同时选取。按Ctrl+E快捷键，合并图层并将其重命名为"内光"，如图10-35所示。

图10-34　　　　　　　　图10-35

20 按Ctrl+J快捷键，复制图层，"图层"面板中生成新的图层"内光 拷贝"。选择"滤镜 > 模糊 > 高斯模糊"命令，弹出"高斯模糊"对话框，各选项的设置如图10-36所示，单击"确定"按钮，效果如图10-37所示。

21 按Ctrl+O快捷键，打开本书学习资源中的"Ch10\素材\制作彩妆网店详情页主图\01、02"。选择移动工具 ，分别将"01"和"02"图片拖曳到新建图像窗口中适当的位置，效果如图10-38所示。"图层"面板中生成新的图层，将它们分别重命名为"化妆品"和"文字"。彩妆网店详情页主图制作完成。

图10-36　　　　　　　图10-37　　　　　　　图10-38

任务知识

10.1.1　Neural Filters滤镜

打开一张图片，如图10-39所示。选择"滤镜 > Neural Filters"命令，会弹出"Neural Filters"面板，如图10-40所示。在面板中，左侧为滤镜类别，包括专题内容滤镜和BETA滤镜，打开滤镜列表右侧的开关即可使用对应滤镜。若列表右侧显示为 图标，表示可从云端下载滤镜并使用。右侧为滤镜参数设置区域，可设置所用滤镜的各项参数。底部左侧为 按钮，分别用于预览原图和选择预览图层，右侧为滤镜的输出方式。

图10-39

图10-40

打开"皮肤平滑度"开关，
具体设置如图10-41所示，单击
"确定"按钮，效果如图10-42
所示。

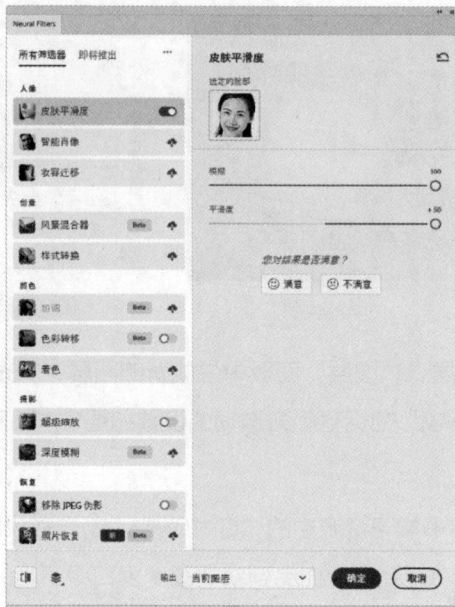

图10-41

图10-42

10.1.2 滤镜库的功能

Photoshop的滤镜库将常用滤镜组组合在一个
对话框中，以滤镜组的方式显示，并为每个滤镜提
供了直观的效果预览，使用起来十分方便。

选择"滤镜 > 滤镜库"命令，会弹出"滤镜
库"对话框（对话框名称显示当前选择的效果名
称），如图10-43所示。

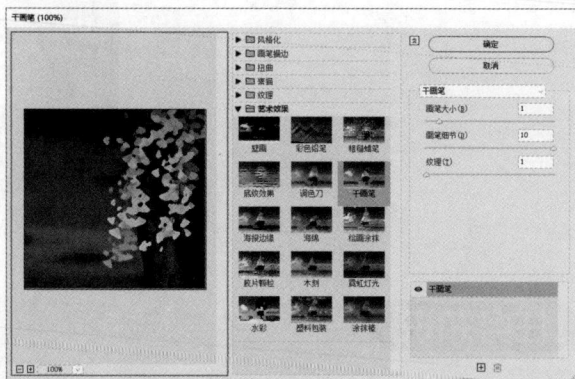

图10-43

在对话框中，左侧为滤镜预览框，可以显示图像应用滤镜后的效果；中部为滤镜列表，大部分滤镜组
包含多个特色滤镜，展开需要的滤镜组，可以浏览该滤镜组中的各个滤镜和相应的效果；右侧为滤镜参数
设置区域，可以设置所用滤镜的各项参数。

1. "风格化"滤镜组

"风格化"滤镜组只包含一个"照亮边缘"滤镜，如图10-44所示。此滤镜用于搜索主要颜色的变
化区域并强化其过渡像素，从而产生轮廓发光的效果，应用滤镜前后的对比效果如图10-45和图10-46
所示。

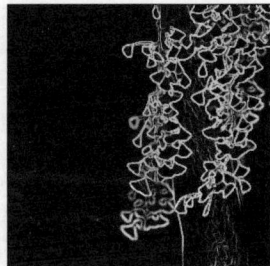

图10-44　　　　　　　　　　图10-45　　　　　　　　　　图10-46

2. "画笔描边"滤镜组

"画笔描边"滤镜组包含8个滤镜，如图10-47所示。此滤镜组的滤镜对CMYK模式和Lab模式的图像不起作用。应用不同滤镜制作出的效果如图10-48所示。

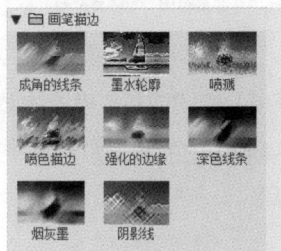

图10-47

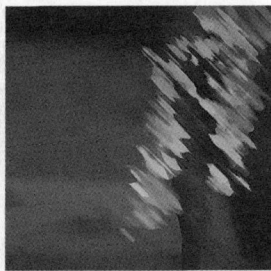

原图　　　　　　　　　成角的线条　　　　　　　　墨水轮廓　　　　　　　　　喷溅

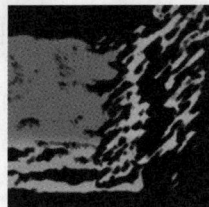

喷色描边　　　　　　　强化的边缘　　　　　　　深色线条　　　　　　　烟灰墨　　　　　　　阴影线

图10-48

3. "扭曲"滤镜组

"扭曲"滤镜组包含3个滤镜，如图10-49所示。此滤镜组的滤镜用于扭曲图像，使其产生变形效果。应用不同的滤镜制作出的效果如图10-50所示。

图10-49

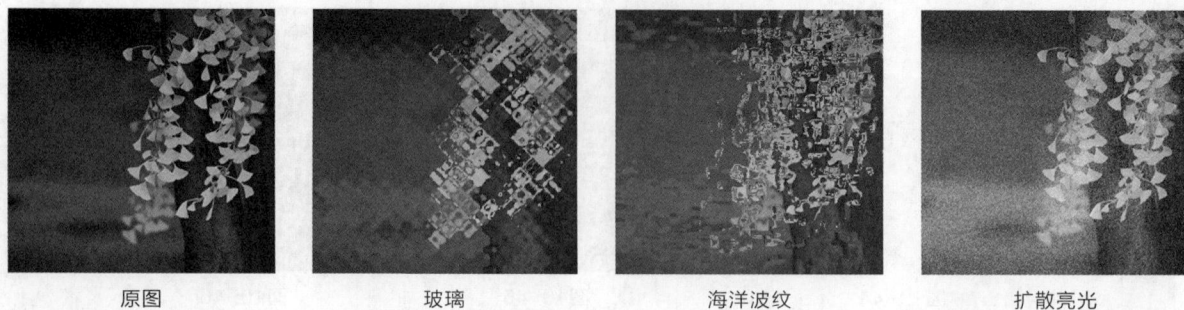

原图	玻璃	海洋波纹	扩散亮光

图10-50

4. "素描"滤镜组

"素描"滤镜组包含14个滤镜，如图10-51所示。此滤镜组的滤镜只对RGB模式或灰度模式的图像起作用，可以制作出多种绘画效果。应用不同滤镜制作出的效果如图10-52所示。

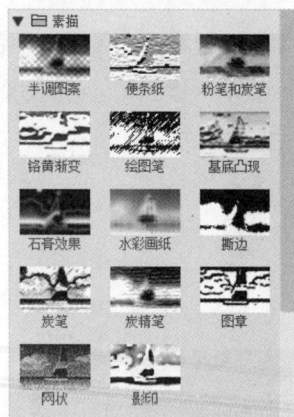

图10-51

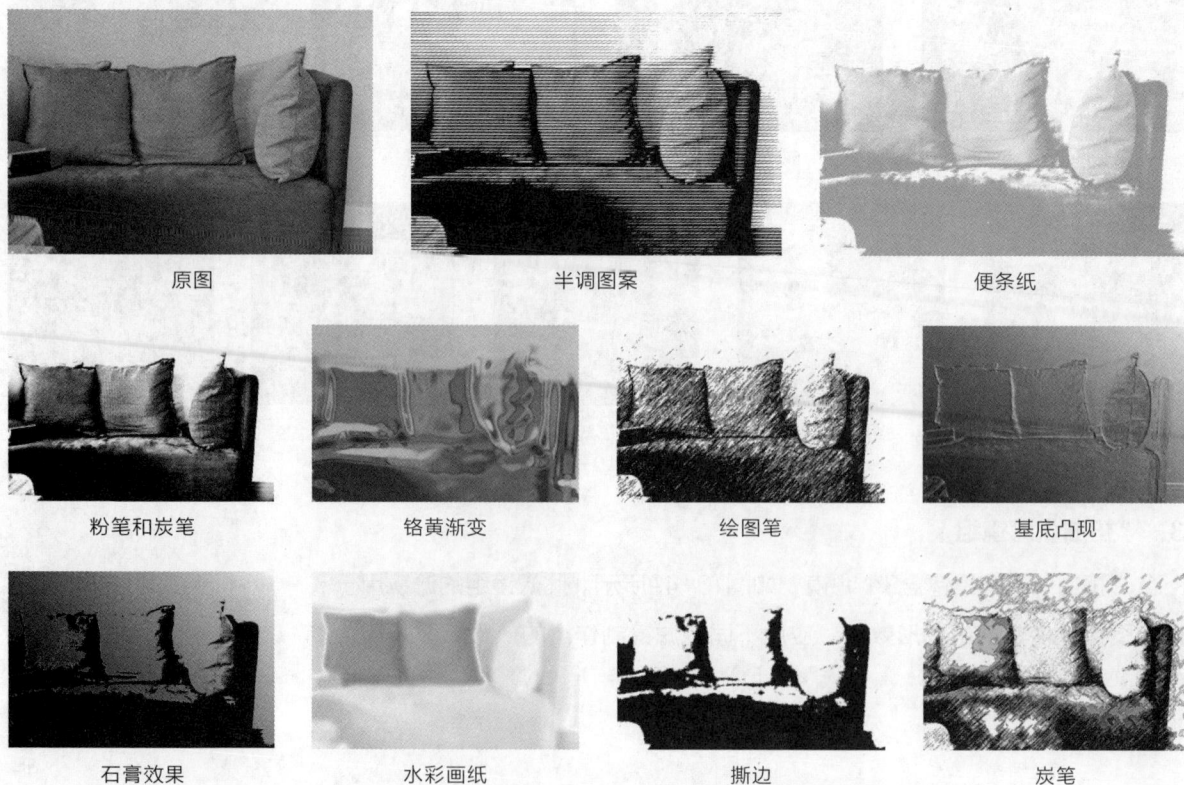

图10-52

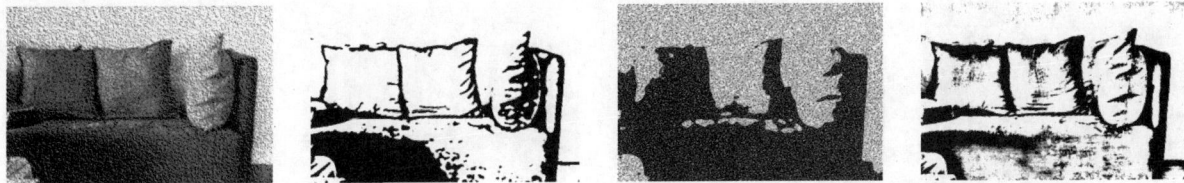

| 炭精笔 | 图章 | 网状 | 影印 |

图10-52（续）

5.　"纹理"滤镜组

　　"纹理"滤镜组包含6个滤镜，如图10-53所示。此滤镜组的滤镜用于使图像产生纹理效果。应用不同滤镜制作出的效果如图10-54所示。

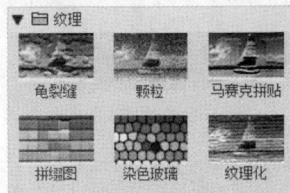

图10-53

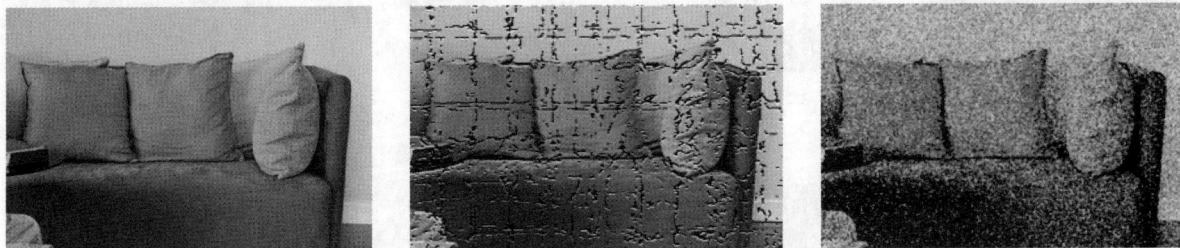

| 原图 | 龟裂缝 | 颗粒 |

| 马赛克拼贴 | 拼缀图 | 染色玻璃 | 纹理化 |

图10-54

6.　"艺术效果"滤镜组

　　"艺术效果"滤镜组包含15个滤镜，如图10-55所示。此滤镜组的滤镜用于使图像更贴近绘画效果。应用不同的滤镜制作出的效果如图10-56所示。

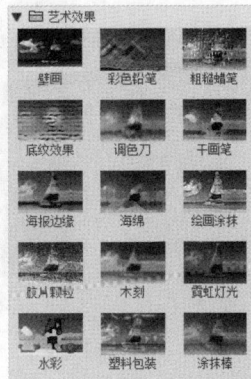

图10-55

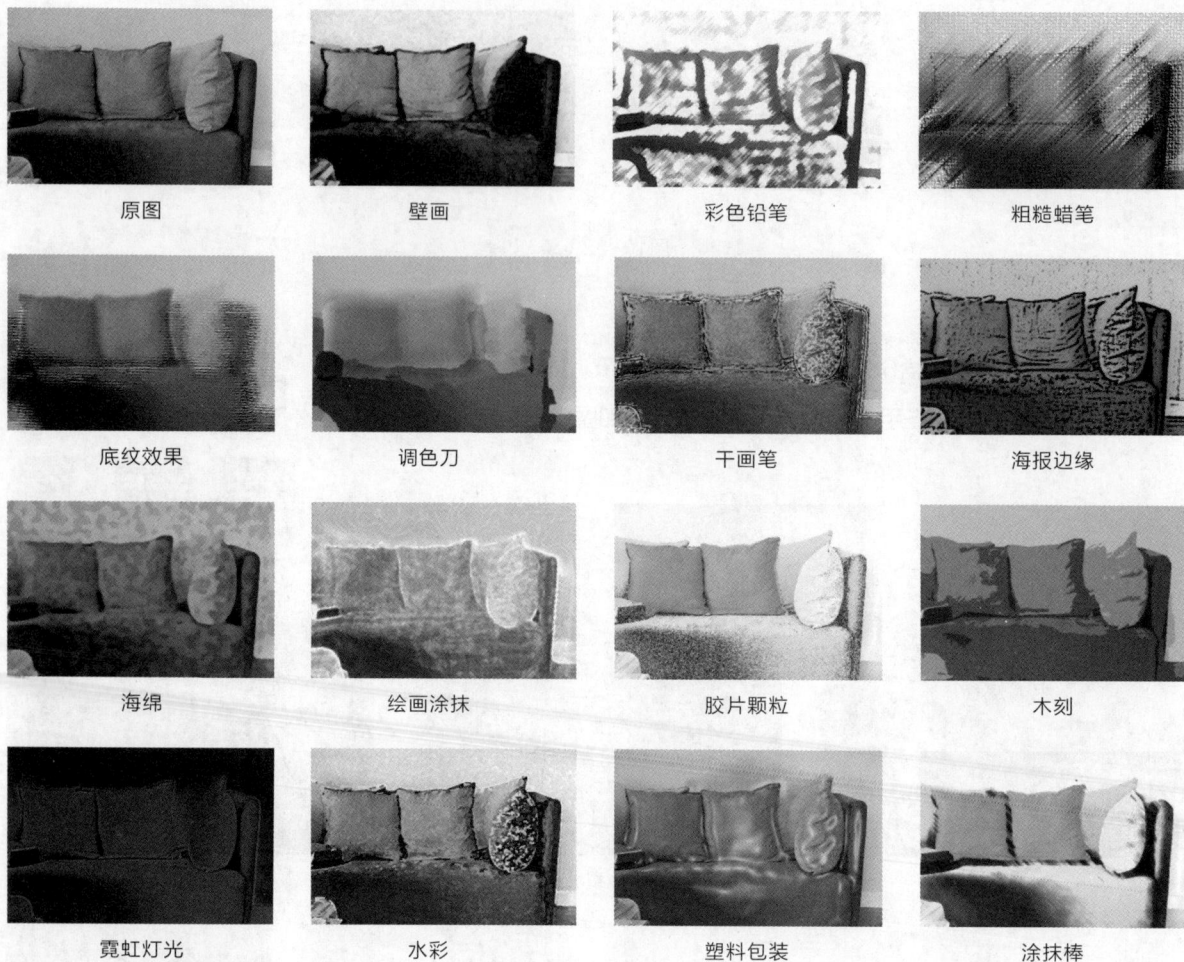

原图	壁画	彩色铅笔	粗糙蜡笔
底纹效果	调色刀	干画笔	海报边缘
海绵	绘画涂抹	胶片颗粒	木刻
霓虹灯光	水彩	塑料包装	涂抹棒

图10-56

7. 滤镜的叠加

在"滤镜库"对话框中可以创建多个滤镜效果，从而使图像产生多个滤镜叠加后的效果。

为图像添加"强化的边缘"滤镜，如图10-57所示，单击"新建效果图层"按钮⊞新建效果图层，如图10-58所示。为图像添加"海洋波纹"滤镜，滤镜叠加效果如图10-59所示。

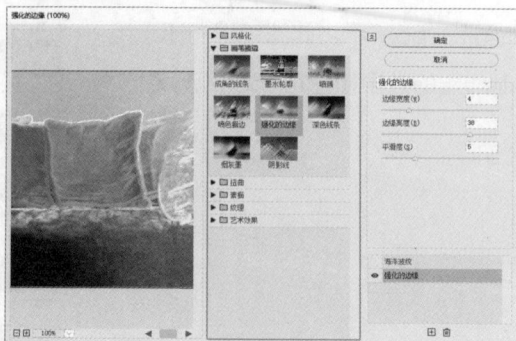

图10-57

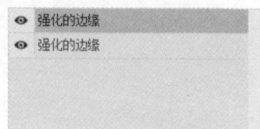

图10-58

图10-59

10.1.3　"自适应广角"滤镜

"自适应广角"滤镜用于对具有广角、超广角及鱼眼效果的图片进行校正。

打开一张图片，如图10-60所示。选择"滤镜 > 自适应广角"命令，会弹出图10-61所示的"自适应广角"对话框。

图10-60

图10-61

在对话框左侧的图片中需要调整的位置拖曳出一条直线段，图片中的地面自动调整为平直的状态，如图10-62所示。再将直线段中间的节点向上拖曳到适当的位置，效果如图10-63所示，其他选项的设置如图10-64所示，单击"确定"按钮，图片调整后的效果如图10-65所示。

图10-62

图10-63

图10-64

图10-65

10.1.4 Camera Raw滤镜

"Camera Raw滤镜"是Photoshop专门用于处理相机所拍摄的照片的滤镜，可以对照片的基本参数、曲线、细节、HSL/灰度、分离色调、镜头校正等进行调整。

打开一张图片，如图10-66所示。选择"滤镜 > Camera Raw滤镜"命令，会弹出图10-67所示的对话框。

图10-66

图10-67

对话框左侧上方为照片预览框，下方为缩放级别和视图显示方式；右侧上方为直方图和拍摄信息，下方为9个照片编辑选项组，最右侧是编辑照片的工具。

"基本"选项组： 可以对照片的白平衡、曝光、对比度、高光、阴影、清晰度和饱和度等进行调整。

"曲线"选项组： 可以对照片的高光、亮调、暗调和阴影进行微调。

"细节"选项组： 可以对照片进行锐化、减少杂色处理。

"混色器"选项组： 可以在"HSL"（色相、饱和度、明亮度）和"颜色"之间进行选择，以调整图像中的不同色相。

"颜色分级"选项组： 可以使用色轮精确调整阴影、中间调和高光中的色相。

"光学"选项组： 可以调整扭曲度和晕影，也可以对图像中的紫色色相或绿色色相进行采样和校正。

"几何"选项组： 可以应用不同类型的透视校正效果。

"效果"选项组： 可以为照片添加颗粒和晕影来制作特效。

"校准"选项组： 可以对照片颜色进行校正。

在对话框中进行设置，如图10-68所示，单击"确定"按钮，效果如图10-69所示。

图10-68

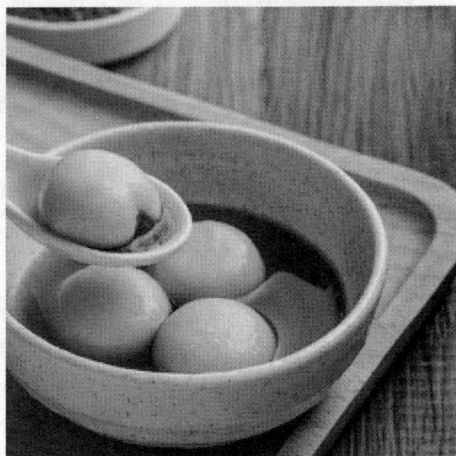

图10-69

10.1.5 "镜头校正"滤镜

"镜头校正"滤镜用于消除常见的镜头瑕疵，如桶形失真、枕形失真、晕影和色差等，也可以使用该滤镜来旋转图像，或消除由相机在垂直或水平方向上倾斜而导致的图像透视错误现象。

打开一张图片，如图10-70所示。选择"滤镜 > 镜头校正"命令，会弹出图10-71所示的对话框。

图10-70

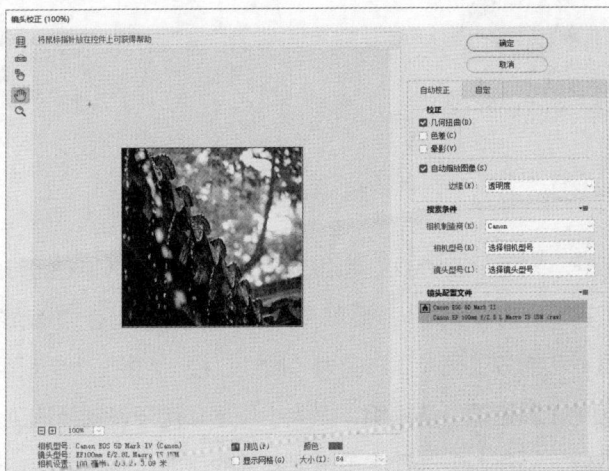

图10-71

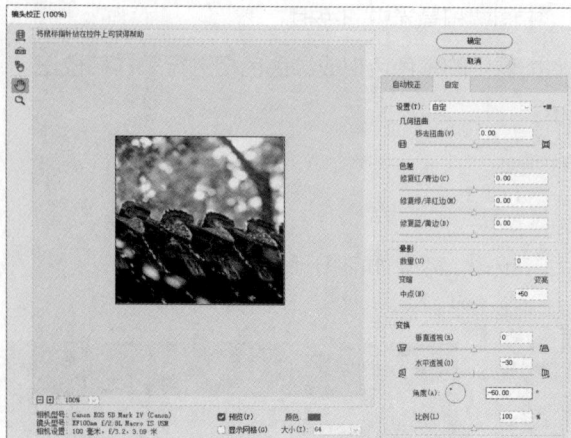

图10-72

单击切换到"自定"选项卡，具体设置如图10-72所示，单击"确定"按钮，效果如图10-73所示。

图10-73

10.1.6 "液化"滤镜

"液化"滤镜用于制作各种类似液化的图像变形效果。

打开一张图片，如图10-74所示。选择"滤镜 > 液化"命令，或按Shift+Ctrl+X快捷键，会弹出图10-75所示的对话框。

图10-74

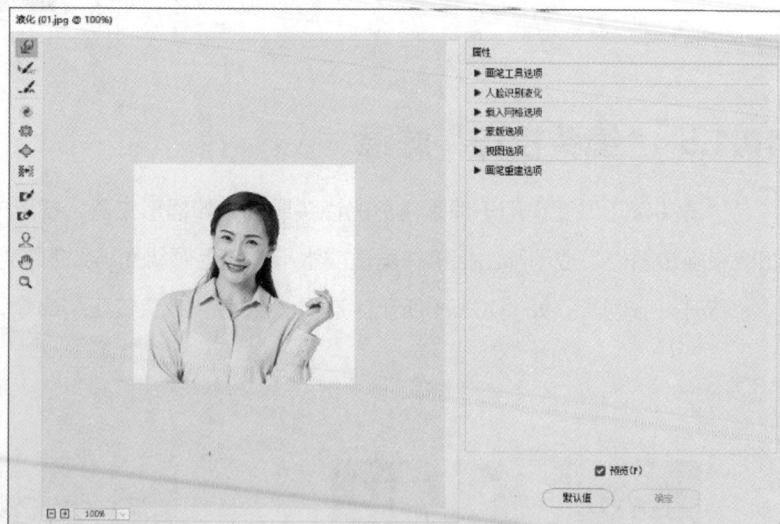

图10-75

"液化"对话框左侧的工具箱中由上到下分别为向前变形工具、重建工具、平滑工具、顺时针旋转扭曲工具、褶皱工具、膨胀工具、左推工具、冻结蒙版工具、解冻蒙版工具、脸部工具、抓手工具和缩放工具。右侧为"属性"栏，包括6个选项组。

"画笔工具选项"选项组："大小"选项用于设置所选工具的笔触大小；"密度"选项用于设置画笔边缘的浓度；"压力"选项用于设置画笔的压力，压力越小，变形的过程越慢；"速率"选项用于设置画笔的绘制速度；"光笔压力"选项用于设置压感笔的压力。

"人脸识别液化"选项组： "眼睛"选项组用于设置眼睛的大小、高度、宽度、斜度和距离； "鼻子"选项组用于设置鼻子的高度和宽度； "嘴唇"选项组用于设置微笑、上嘴唇、下嘴唇、嘴唇的宽度和高度； "脸部形状"选项组用于设置脸部的前额、下巴高度、下颌和脸部宽度。

"载入网格选项"选项组： 用于载入、使用和存储网格。

"蒙版选项"选项组： 用于选择通道蒙版的形式。单击"无"按钮，可以移去所有蒙版区域；单击"全部蒙住"按钮，可以冻结整个图像；单击"全部反相"按钮，可以反相蒙版区域。

"视图选项"选项组： 勾选"显示图像"复选框可以显示图像；勾选"显示网格"复选框可以显示网格， "网格大小"选项用于设置网格的大小， "网格颜色"选项用于设置网格的颜色；勾选"显示蒙版"复选框，可以显示蒙版， "蒙版颜色"选项用于设置蒙版的颜色；勾选"显示背景"复选框，在"使用"下拉列表中可以选择图层，在"模式"下拉列表中可以选择不同的模式， "不透明度"选项用于设置不透明度。

"画笔重建选项"选项组： 单击"重建"按钮，可对变形的图像进行重置；单击"恢复全部"按钮，可将图像恢复到打开时的状态。

在对话框中对各选项进行设置，如图10-76所示，单击"确定"按钮，效果如图10-77所示。

图10-76

图10-77

10.1.7 "消失点"滤镜

"消失点"滤镜用于制作建筑物或任何矩形对象的透视效果。

打开一张图片，如图10-78所示。绘制选区并按Ctrl＋C快捷键复制选区中的图像，按Ctrl＋D快捷键取消选区。选择"滤镜 > 消失点"命令，会弹出"消失点"对话框，在对话框的左侧选择创建平面工具 ，在图像窗口中的4个位置单击以定义4个节点，如图10-79所示，节点之间会自动连接，形成透视平面，如图10-80所示。

图10-78

图10-79

图10-80

按Ctrl＋V快捷键，将刚才复制的图像粘贴到对话框中，调整其大小，如图10-81所示。将粘贴的图像拖曳到透视平面中，如图10-82所示。按住Alt键的同时，向上拖曳建筑物进行复制，效果如图10-83所示。用相同的方法再复制两次，效果如图10-84所示，单击"确定"按钮，建筑物的透视变形效果如图10-85所示。

图10-81

图10-82

图10-83

图10-84

图10-85

在"消失点"对话框中，透视平面显示为蓝色时为有效的平面；显示为红色时为无效的平面，无法计算平面的长宽比；显示为黄色时为无效的平面，无法解析平面的所有消失点，如图10-86所示。

蓝色透视平面　　　　　　　红色透视平面　　　　　　　黄色透视平面

图10-86

10.1.8　"3D"滤镜

"3D"滤镜用于生成效果较好的凹凸图和法线图。"滤镜>3D"子菜单如图10-87所示。应用不同滤镜制作出的效果如图10-88所示。

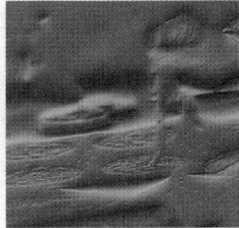

生成凹凸（高度）图...

生成法线图...

图10-87　　　　　原图　　　　生成凹凸（高度）图　　　生成法线图

图10-88

10.1.9　"风格化"滤镜

"风格化"滤镜用于产生印象派及其他风格画派的作品的效果，是模拟真实艺术手法进行创作的。"滤镜>风格化"子菜单如图10-89所示。应用不同的滤镜制作出的效果如图10-90所示。

查找边缘

等高线...

风...

浮雕效果...

扩散...

拼贴...

曝光过度

凸出...

油画...

图10-89

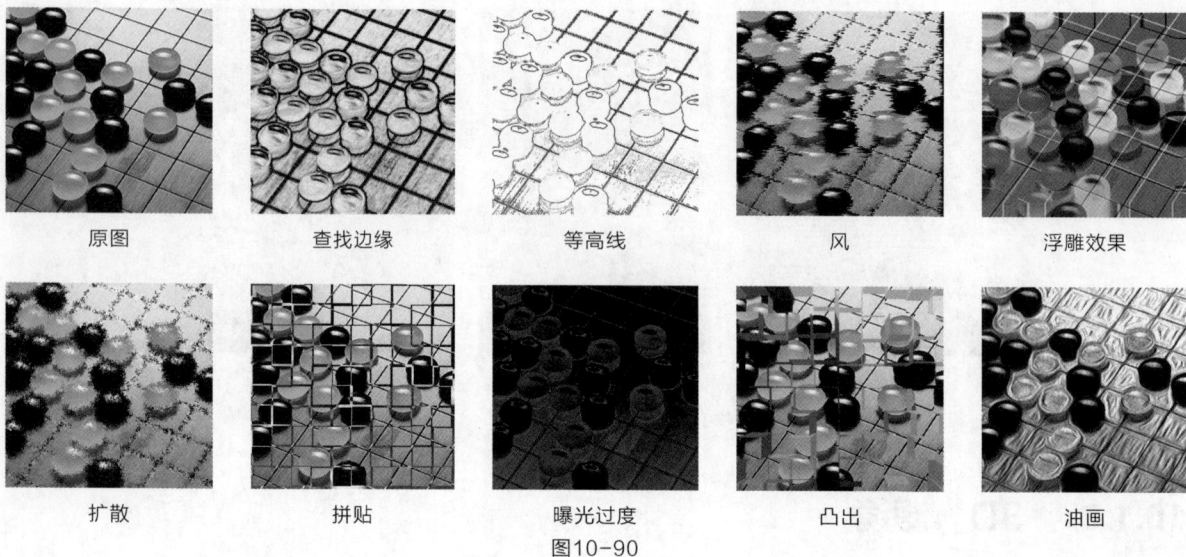

原图	查找边缘	等高线	风	浮雕效果
扩散	拼贴	曝光过度	凸出	油画

图10-90

10.1.10 "模糊"滤镜

　　"模糊"滤镜用于为图像制作模糊效果，也可以制作柔和的阴影效果。"滤镜>模糊"子菜单如图10-91所示。应用不同滤镜制作出的效果如图10-92所示。

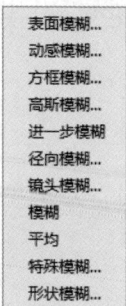

表面模糊...
动感模糊...
方框模糊...
高斯模糊...
进一步模糊
径向模糊...
镜头模糊...
模糊
平均
特殊模糊...
形状模糊...

图10-91

原图	表面模糊	动感模糊	方框模糊
高斯模糊	进一步模糊	径向模糊	镜头模糊

图10-92

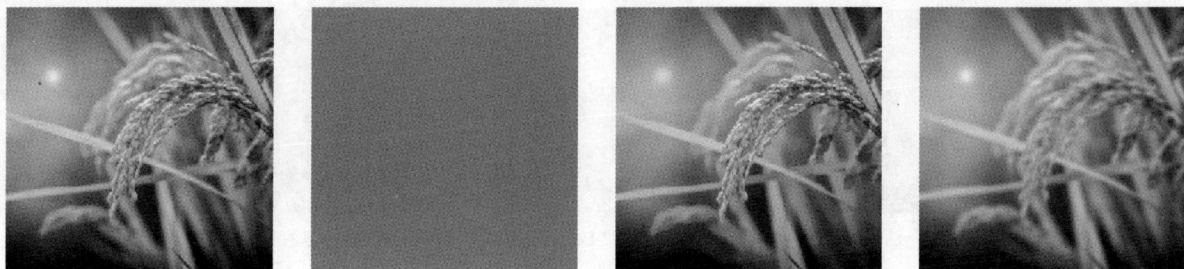

| 模糊 | 平均 | 特殊模糊 | 形状模糊 |

图10-92（续）

10.1.11 "模糊画廊"滤镜

应用"模糊画廊"滤镜，可以使用图钉或路径来控制图像，从而制作出模糊效果。"滤镜>模糊画廊"子菜单如图10-93所示。应用不同滤镜制作出的效果如图10-94所示。

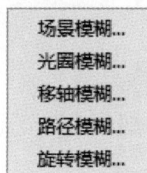

图10-93

| 原图 | 场景模糊 | 光圈模糊 |

| 移轴模糊 | 路径模糊 | 旋转模糊 |

图10-94

10.1.12 "扭曲"滤镜

"扭曲"滤镜用于扭曲图像，使其产生变形效果。"滤镜>扭曲"子菜单如图10-95所示。应用不同滤镜制作出的效果如图10-96所示。

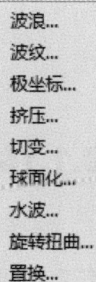

图10-95

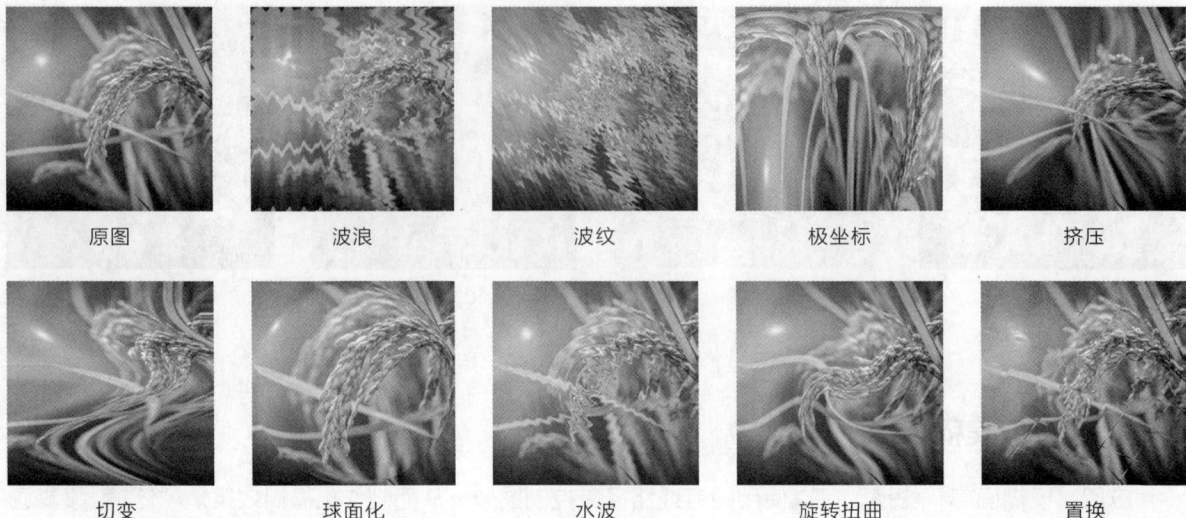

原图	波浪	波纹	极坐标	挤压
切变	球面化	水波	旋转扭曲	置换

图10-96

10.1.13 "锐化"滤镜

"锐化"滤镜用于通过增大对比度来使图像更清晰。"滤镜>锐化"子菜单如图10-97所示。应用不同滤镜制作出的效果如图10-98所示。

图10-97

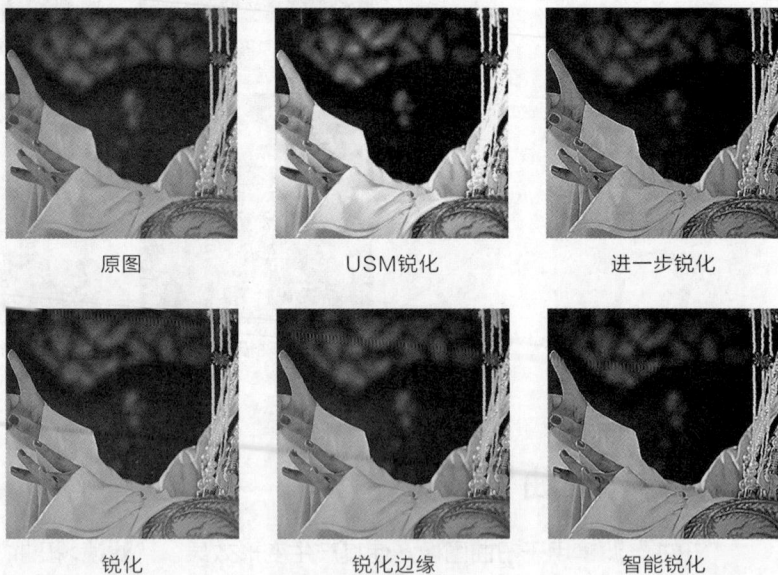

原图	USM锐化	进一步锐化
锐化	锐化边缘	智能锐化

图10-98

10.1.14 "视频"滤镜

"视频"滤镜可以将以隔行扫描方式提取的图像转换为视频设备可接收的图像，以解决交换图像时的系统差异问题。"滤镜>视频"子菜单如图10-99所示。应用不同滤镜制作出的效果如图10-100所示。

NTSC 颜色
逐行...

图10-99

原图

NTSC颜色

逐行

图10-100

10.1.15 "像素化" 滤镜

"像素化" 滤镜用于将图像分块或将图像平面化。"滤镜>像素化"子菜单如图10-101所示。应用不同滤镜制作出的效果如图10-102所示。

彩块化
彩色半调...
点状化...
晶格化...
马赛克...
碎片
铜版雕刻...

图10-101

原图

彩块化

彩色半调

点状化

晶格化

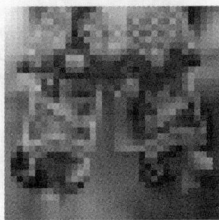
马赛克

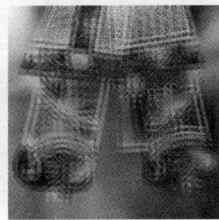
碎片

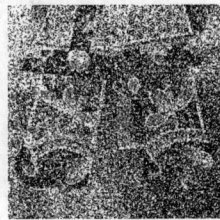
铜版雕刻

图10-102

10.1.16 "渲染" 滤镜

"渲染" 滤镜用于在图片中产生不同的光源效果和夜景效果等。"滤镜>渲染"子菜单如图10-103所示。应用不同滤镜制作出的效果如图10-104所示。

火焰...
图片框...
树...

分层云彩
光照效果...
镜头光晕...
纤维...
云彩

图10-103

原图　　　　　火焰　　　　　图片框　　　　　树

分层云彩　　　光照效果　　　镜头光晕　　　　纤维　　　　　云彩

图10-104

10.1.17　"杂色"滤镜

　　"杂色"滤镜用于添加或移除图像中的杂色。"滤镜>杂色"子菜单如图10-105所示。应用不同滤镜制作出的效果如图10-106所示。

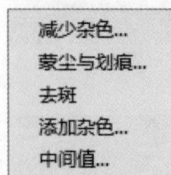

减少杂色…
蒙尘与划痕…
去斑
添加杂色…
中间值…

图10-105

原图　　　　　　减少杂色　　　　　蒙尘与划痕

去斑　　　　　　添加杂色　　　　　中间值

图10-106

10.1.18 "其他"滤镜

"其他"滤镜可以创建更为特殊的效果。"滤镜>其他"子菜单如图10-107所示。应用不同滤镜制作出的效果如图10-108所示。

图10-107

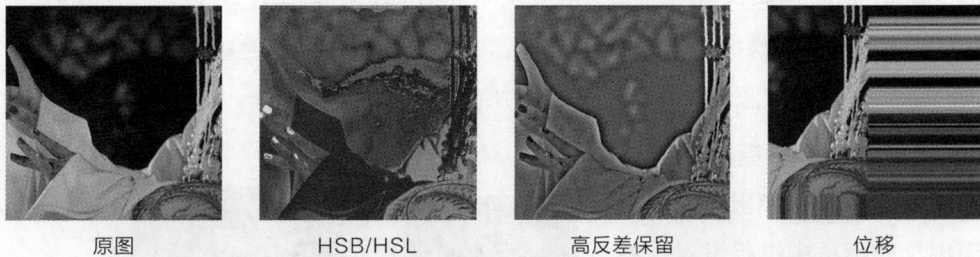

原图　　　　　　　HSB/HSL　　　　　高反差保留　　　　　　位移

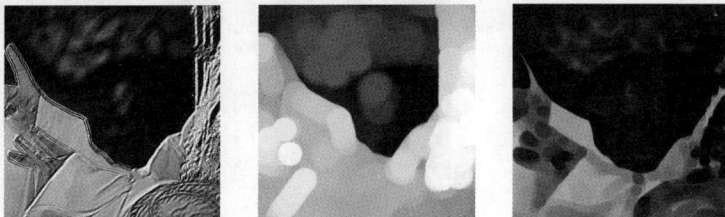

自定　　　　　　　　最大值　　　　　　最小值

图10-108

任务10.2 掌握滤镜的使用技巧

通过对任务实践的学习，读者可以掌握滤镜在实践操作中的应用。通过对任务知识的学习，读者可以掌握不同滤镜技巧的具体操作方法。

任务实践 **制作夏至节气宣传海报**

任务目标 学习使用"高斯模糊"滤镜和滤镜库中的滤镜制作宣传海报。

任务要点 使用移动工具和"置入嵌入对象"命令添加素材图片，使用"高斯模糊"滤镜为图片添加模糊效果，使用矩形选框工具、滤镜库中的"玻璃"滤镜和"载入纹理"命令为图片添加玻璃效果，使用"混合模式"选项和"不透明度"选项制作图片融合效果。最终效果参看学习资源中的"Ch10\效果\制作夏至节气宣传海报.psd"，如图10-109所示。

图10-109

任务操作

01 按Ctrl+N快捷键，会弹出"新建文档"对话框，设置宽度为1242像素，高度为2208像素，分辨率为72像素/英寸，颜色模式为RGB颜色，背景颜色为白色，单击"创建"按钮，新建一个文件。

02 按Ctrl+O快捷键，打开本书学习资源中的"Ch10\素材\制作夏至节气宣传海报\01"文件，选择移动工具 ，将"01"图像拖曳到新建的图像窗口中适当的位置，并调整其大小，效果如图10-110所示。"图层"面板中生成新的图层，将其重命名为"底图"。

03 选择"滤镜 > 模糊 > 高斯模糊"命令，在弹出的"高斯模糊"对话框中进行设置，如图10-111所示。单击"确定"按钮，效果如图10-112所示。

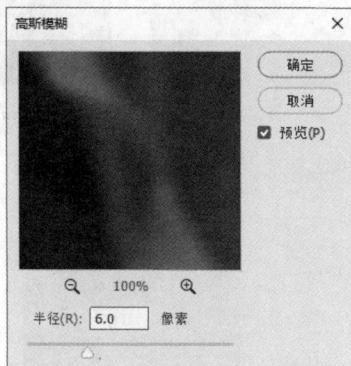

图10-110 图10-111 图10-112

04 选择矩形选框工具 ，在图像窗口中拖曳鼠标以绘制选区，如图10-113所示。选择"滤镜 > 滤镜库"命令，在弹出的对话框中选择"扭曲>玻璃"选项，如图10-114所示。单击"纹理"选项右侧的 按钮，在弹出的菜单中选择"载入纹理"命令，在弹出的"载入纹理"对话框中，选择本书学习资源中的"Ch10\素材\制作夏至节气宣传海报\长虹玻璃"文件，单击"打开"按钮，载入纹理，如图10-115所示，单击"确定"按钮。按Ctrl+D快捷键，取消选区，效果如图10-116所示。

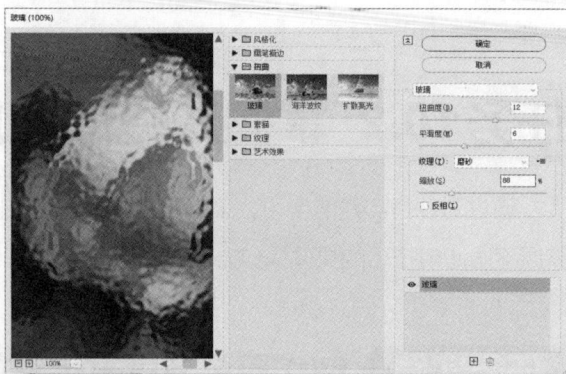

图10-113 图10-114

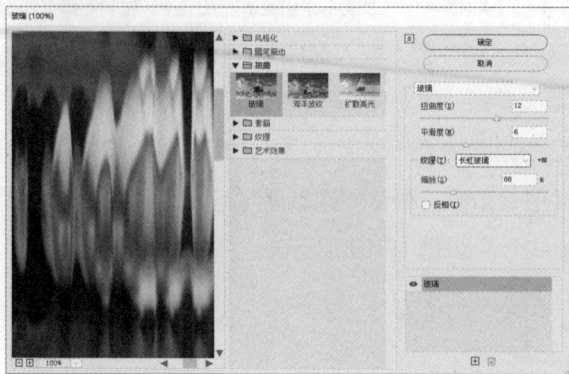

图10-115 图10-116

05 选择"文件 > 置入嵌入对象"命令，在弹出的"置入嵌入的对象"对话框中，选择本书学习资源中的"Ch10 > 素材 > 制作夏至节气宣传海报> 长虹玻璃"文件，单击"置入"按钮，将图片置入图像窗口中。按Enter键确定操作，效果如图10-117所示。"图层"面板中生成新的图层"长虹玻璃"。

06 在"图层"面板中，将"长虹玻璃"图层的"混合模式"选项设为"正片叠底"，"不透明度"选项设为20%，如图10-118所示，按Enter键确定操作，效果如图10-119所示。

图10-117　　　　　　　　图10-118　　　　　　　　图10-119

07 单击"图层"面板下方的"添加图层蒙版"按钮 ◻，为"长虹玻璃"图层添加图层蒙版，如图10-120所示。选择矩形选框工具 ◻，在图像窗口中拖曳鼠标以绘制选区，如图10-121所示。将前景色设为黑色，按Alt+Delete快捷键，用前景色填充选区。按Ctrl+D快捷键，取消选区，效果如图10-122所示。

08 选择"文件 > 置入嵌入对象"命令，弹出"置入嵌入的对象"对话框，选择本书学习资源中的"Ch10 > 素材 > 制作夏至节气宣传海报> 02"文件，单击"置入"按钮，将图片置入图像窗口中，将图像拖曳到适当的位置。按Enter键确定操作，效果如图10-123所示。"图层"面板中生成新的图层，将其重命名为"文案"。夏至节气宣传海报制作完成。

图10-120　　　　　　图10-121　　　　　　图10-122　　　　　　图10-123

任务知识

10.2.1 重复使用滤镜

如果使用一次滤镜后效果不理想，可以按Alt+Ctrl+F快捷键重复使用滤镜。重复使用"查找边缘"滤镜的效果如图10-124所示。

图10-124

10.2.2 对图像局部使用滤镜

在要应用滤镜的区域绘制选区，如图10-125所示，对选区中的图像使用"高斯模糊"滤镜，效果如图10-126所示。

如果对选区进行羽化后再使用滤镜，就可以使滤镜效果与原图融合得更自然。将图像还原到图10-125所示的状态，选择"选择 > 修改 > 羽化"命令，在弹出的"羽化选区"对话框中设置"羽化半径"选项为20像素，如图10-127所示，单击"确定"按钮，使用"高斯模糊"滤镜得到的效果如图10-128所示。

图10-125

图10-126

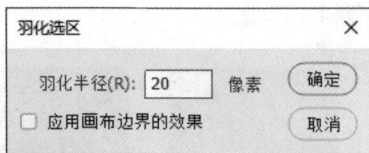

图10-127

图10-128

10.2.3 对通道使用滤镜

原始图像效果如图10-129所示，对图像的"红"通道、"蓝"通道分别使用"高斯模糊"滤镜后得到的效果如图10-130所示。

图10-129

图10-130

10.2.4 智能滤镜

常用滤镜应用后就不能再改变参数，而智能滤镜可以，对图层使用"转换为智能滤镜"命令，将普通图层转换为智能对象图层，应用滤镜后可以随时重新调整其参数。

选中要应用滤镜的图层，如图10-131所示。选择"滤镜 > 转换为智能滤镜"命令，会弹出提示对话框，单击"确定"按钮，将普通图层转换为智能对象图层，"图层"面板如图10-132所示。

图10-131

图10-132

选择"滤镜 > 扭曲 > 波纹"命令，为图像添加"波纹"效果，对应图层的下方会显示滤镜名称，如图10-133所示。

在"图层"面板中，双击要修改参数的滤镜名称，可在弹出的相应对话框中重新设置参数。双击滤镜名称右侧的 ≣ 图标，会弹出"混合选项"对话框，在该对话框中可以设置滤镜效果的混合模式和不透明度，如图10-134所示。

图10-133

图10-134

10.2.5 对滤镜效果进行调整

对图像使用"高斯模糊"滤镜后，效果如图10-135所示。按Shift+Ctrl+F快捷键，会弹出图10-136所示的"渐隐"对话框，调整"不透明度"选项的数值并设置"模式"选项，单击"确定"按钮，使滤镜效果产生变化，如图10-137所示。

图10-135

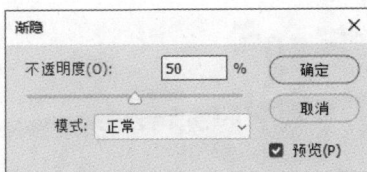

图10-136

图10-137

项目实践 制作保护动物宣传海报

项目要点 使用滤镜库中的"调色刀"滤镜、"干画笔"滤镜和"木刻"滤镜制作背景效果，使用"色相/饱和度"和"色阶"命令创建调整图层，调整图片颜色，使用移动工具添加宣传文字。最终效果参看学习资源中的"Ch10\效果\制作保护动物宣传海报.psd"，如图10-138所示。

图10-138

课后习题 制作旅游公众号封面次图

习题要点 使用"液化"滤镜调整人物曲线，使用滤镜库中的"调色刀"滤镜效果制作背景效果，使用"添加杂色"命令为文字添加杂色。最终效果参看学习资源中的"Ch10\效果\制作旅游公众号封面次图.psd"，如图10-139所示。

图10-139

项目 11

商业案例实训

本项目通过多个商业案例实训，进一步讲解Photoshop各个功能的特色和使用技巧，让读者能够快速地掌握软件功能和知识要点，制作出变化丰富的设计作品。

学习目标

● 掌握Photoshop的基础知识。

● 了解Photoshop的常用设计领域。

● 掌握Photoshop在不同设计领域的应用方法。

技能目标

● 掌握化妆品App主页Banner的制作方法。

● 掌握文物展手机海报的制作方法。

● 掌握薯片包装的制作方法。

● 掌握中式茶叶官网首页的制作方法。

● 掌握旅游类App首页的制作方法。

素养目标

● 培养对综合项目的管理和实施能力。

● 培养解决实际问题的能力。

● 培养准确观察和分析设计特点的能力。

任务11.1 掌握Banner的制作

　　Banner是商家用于提高品牌转化率的重要方式，直接影响用户是否购买产品或参加活动。本任务以不同类型的Banner为例，讲解Banner的构思方法和制作技巧，读者学习后可以制作出丰富多彩的Banner。

任务实践 制作化妆品App主页Banner

任务背景

某某草本是一家电商用品零售企业，贩售彩妆、护肤品、洁面乳和防晒用品等。公司近期推出买一送一活动，需要为其制作一个全新的App主页Banner，要求起到宣传公司新产品的作用，展现出清新自然的感觉。

任务要求

（1）画面要求以产品图片为主体，以便给用户带来直观的视觉感受。

（2）使用直观、醒目的文字诠释广告内容，表现产品特色。

（3）整体色彩搭配合理，与宣传的主题相呼应。

（4）设计风格简洁大方，给人整洁干练的感觉。

（5）设计规格为1920像素（宽）×700像素（高），分辨率为72像素/英寸。

任务展示

图片素材所在位置：本书学习资源中的"Ch11\素材\制作化妆品App主页Banner\01～06"。

设计作品效果所在位置：本书学习资源中的"Ch11\效果\制作化妆品App主页Banner.psd"，效果如图11-1所示。

图11-1

任务要点
使用移动工具添加素材图片，使用"色相/饱和度"命令创建调整图层，调整图片颜色，使用"混合模式"选项和图层蒙版制作图片融合效果，使用图层样式为图片添加特殊效果，使用横排文字工具输入文字。

项目实践 1　制作中式茶叶网站主页Banner

项目背景

栖茶是一家专注于生产和销售中式茶叶的公司，致力于传承和发扬茶文化，提供高质量的中式茶叶产品给消费者。现初春新茶上市，需要为网站设计一款主页Banner，要求体现出产品特点和公司特色。

项目要求

（1）使用真实茶山的图片作为背景，给人以真实感。

（2）以产品实物照片作为主体元素，图文搭配合理。

（3）版面设计具有美感，符合品牌调性。

（4）色彩围绕产品进行设计搭配，起到舒适、自然的效果。

（5）设计规格均为1920像素（宽）×720像素（高），分辨率为72像素/英寸。

项目展示

图片素材所在位置：本书学习资源中的"Ch11\素材\制作中式茶叶网站主页Banner\01~08"。

设计作品效果所在位置：本书学习资源中的"Ch11\效果\制作中式茶叶网站主页Banner.psd"，效果如图11-2所示。

图11-2

项目要点

使用"色阶"和"色相/饱和度"命令创建调整图层，调整图片颜色，使用横排文字工具添加文字，使用椭圆工具绘制基本形状，使用图层蒙版制作图片融合效果，使用图层样式为图片添加效果。

项目实践 2 制作七夕活动Banner

项目背景

旗袍家是一家专注于定制高端旗袍的时尚品牌。公司现阶段需要为七夕活动设计Banner，要求将传统文化与现代设计相结合，展现公司独特的设计风格。

项目要求

（1）主题明确，突出旗袍特色。

（2）背景设计动静结合，具有冲击感，营造出活力、热闹的氛围。

（3）画面色彩使用要古典，给人端庄典雅的印象。

（4）标题设计醒目突出，达到宣传的目的。

（5）设计规格为900像素（宽）×383像素（高），分辨率为72像素/英寸。

项目展示

图片素材所在位置：本书学习资源中的"Ch11\素材\制作七夕活动Banner\01~06"。

设计作品效果所在位置：本书学习资源中的"Ch11\效果\制作七夕活动Banner.psd"，效果如图11-3所示。

图11-3

项目要点 使用图层样式为图像添加效果，使用"色相/饱和度"命令、"色阶"命令和"曲线"命令调整图像色调，使用横排文字工具添加文字，使用减淡工具提高人物脸部和手臂的亮度，使用加深工具加深衣服图案的颜色，使用模糊工具模糊人物头部外围。

课后习题 1　制作沙发新品宣传Banner

习题背景

禾良卓家居致力于打造既符合人体工程学又富含文化底蕴的家具产品，通过线上和线下相结合的销售模式，将优质家具产品带给全国乃至全球的消费者。现需要设计一款新品Banner，要求能够吸引消费者关注，体现产品特色，内容简洁。

习题要求

（1）以产品图片为画面主体，给人以直观的视觉感受。

（2）使用直观、醒目的文字诠释宣传内容，表现产品特色。

（3）整体色彩清新干净，与宣传的主题相呼应。

（4）设计风格简洁大方，给人整洁干练的感觉。

（5）设计规格为1920像素（宽）×800像素（高），分辨率为72像素/英寸。

习题展示

图片素材所在位置：本书学习资源中的"Ch11\素材\制作沙发新品宣传Banner\01~03"。

设计作品效果所在位置：本书学习资源中的"Ch11\效果\制作沙发新品宣传Banner.psd"，效果如图11-4所示。

图11-4

习题要点　使用"置入嵌入对象"命令置入素材图片，使用横排文字工具和"字符"面板添加宣传文字，使用移动工具添加素材图片。

课后习题 2　制作家电网站首页Banner

习题背景

智悦生活是一家主营各类家电产品的科技公司。为了宣传新款电视，需要设计一个全新的网站首页Banner。要求画面时尚大方，具有活力，并能够突显产品特性。

习题要求

（1）以电视为主体，搭配宣传文字，画面协调、统一。

（2）文字排版整齐大气，体现电视的功能特点和发布日期。

（3）使用清爽干净的色彩搭配，温馨、舒适且不失科技感。

（4）整体设计风格时尚，符合年轻人喜好。

（5）设计规格为1920像素（宽）×750像素（高），分辨率为72像素/英寸。

习题展示

图片素材所在位置：本书学习资源中的"Ch11\素材\制作家电网站首页Banner\01～03"。

设计作品效果所在位置：本书学习资源中的"Ch11\效果\制作家电网站首页Banner.psd"，效果如图11-5所示。

图11-5

习题要点　使用移动工具添加图片，使用混合模式制作图片融合效果，使用剪贴蒙版制作电视屏幕，使用"色相/饱和度"命令创建调整图层，调整图片颜色，使用矩形工具绘制形状。

任务11.2　掌握海报的制作

海报是广告艺术中的一种大众化载体，又名"招贴"或"宣传画"。本任务以多个主题的海报为例，讲解海报的构思方法和制作技巧，读者学习后可以制作出充满创意的海报。

任务实践　制作文物展手机海报

任务背景

三圆文化博物馆是一个专注于展示、研究和传播特定文化的机构，致力于保护和传承文化遗产，为公众提供良好的文化体验和丰富的知识资源。本任务的目的是设计文物展手机海报，要求根据展览主题等进行设计。

任务要求

（1）表意准确，能够突出展览主题。

（2）能够快速传达准确的信息。

（3）简洁美观，采用简约的设计风格，避免过多复杂的元素干扰观者的视线。

（4）海报以文物为主，选取的文物应能够体现展览的特色和亮点。

（5）设计规格为1242像素（宽）×2208像素（高），分辨率为72像素/英寸。

任务展示

图片素材所在位置：本书学习资源中的"Ch11\素材\制作文物展手机海报\01~08"。

设计作品效果所在位置：本书学习资源中的"Ch11\效果\制作文物展手机海报.psd"，效果如图11-6所示。

图11-6

任务要点　使用矩形工具绘制形状，使用混合模式制作图片融合效果，使用"色阶"和"色相/饱和度"命令创建调整图层，调整图片颜色，使用横排文字工具和直排文字工具输入文字。

项目实践 1　制作旅行社推广海报

项目背景

红阳阳旅行社是一家经营各类旅行活动的旅游公司，提供车辆出租、带团旅行等服务。现该旅行社要为八月推出的旅游活动制作公众号推广海报，要求海报设计清新自然、主题突出。

项目要求

（1）海报背景要求体现出旅行的特点。

（2）色彩搭配要自然大气。

（3）画面以风景照片为主，效果独特，文字清晰，能达到吸引游客的目的。

（4）设计规格为750像素（宽）×1181像素（高），分辨率为72 像素/英寸。

项目展示

图片素材所在位置：本书学习资源中的"Ch11\素材\制作旅行社推广海报\01~08"。

设计作品效果所在位置：本书学习资源中的"Ch11\效果\制作旅行社推广海报.psd"，效果如图11-7所示。

图11-7

项目要点　使用图层蒙版和画笔工具制作图片融合效果，使用"曲线""色相/饱和度"和"色阶"命令创建调整图层，调整图片色调，使用椭圆选框工具和"填充"命令制作润色图形，使用横排文字工具添加文字信息，使用矩形工具和直线工具添加装饰图形。

项目实践 2　制作皮影戏宣传海报

项目背景

光影剧团是一家为观众呈现皮影戏表演的团队，旨在传承与创新传统文化，让古老的皮影艺术在新时代焕发出新的光彩。现推出皮影戏公益广告，要求为其制作一款宣传海报。设计要求突出皮影戏，让观众感受到皮影戏的魅力。

项目要求

（1）整体色彩搭配合理，主题突出，给人舒适感。

（2）图文结合，达到宣传的目的。

（3）主题明确，突出皮影戏的独特性。

（4）整体设计简洁，使宣传内容一目了然。

（5）设计规格为1242像素（宽）×2208像素（高），分辨率为72像素/英寸。

项目展示

图片素材所在位置：本书学习资源中的"Ch11\素材\制作皮影戏宣传海报\01~05"。

设计作品效果所在位置：本书学习资源中的"Ch11\效果\制作皮影戏宣传海报.psd"，效果如图11-8所示。

图11-8

项目要点　使用直线工具绘制形状，使用横排文字工具输入文字，使用"色相/饱和度"命令创建调整图层，调整图片颜色，使用图层蒙版隐藏部分图像，使用图层混合模式制作图片融合效果。

课后习题 1 制作大提琴演奏宣传海报

习题背景

吴州辛乐乐团是一个汇聚了来自不同地区的知名音乐家的实力乐团。现需要设计一个大提琴演奏宣传海报，设计要符合活动的宣传主题，能体现出活动的特点。

习题要求

（1）版面设计简约，给人直观的印象，易于阅读。

（2）文字排版整齐大气，体现活动特点。

（3）以乐器的照片为主进行展示，让人一目了然。

（4）整体设计风格时尚，符合年轻人喜好。

（5）设计规格为419.9毫米（宽）×594.0毫米（高），分辨率为150像素/英寸。

习题展示

图片素材所在位置：本书学习资源中的"Ch11\素材\制作大提琴演奏宣传海报\01~07"。

设计作品效果所在位置：本书学习资源中的"Ch11\效果\制作大提琴演奏宣传海报.psd"，最终效果如图11-9所示。

图11-9

习题要点

使用"点状化"滤镜、"动感模糊"滤镜、"蒙尘与划痕"滤镜和"高斯模糊"滤镜制作图片融合效果，使用"色相/饱和度"命令创建调整图层，调整云的颜色，使用移动工具添加文字。

课后习题 2　制作旗袍宣传海报

习题背景

华韵旗袍是一家旗袍制作公司。现有一批新款上市，为引起消费者注意，需要制作一款宣传海报，要求能够体现出产品风格及活动力度。

习题要求

（1）海报的标题要简洁明了，能够吸引消费者的目光。

（2）配图要具有强烈的视觉冲击力，能够引起消费者的共鸣和关注。

（3）色彩和构图要符合设计主题，起到增强视觉效果的作用。

（4）文字的设计要简洁干练，起到准确传达信息的目的。

（5）设计规格为1200像素（宽）×1920像素（高），分辨率为72像素/英寸。

习题展示

图片素材所在位置：本书学习资源中的"Ch11\素材\制作旗袍宣传海报\01～09"。

设计作品效果所在位置：本书学习资源中的"Ch11\效果\制作旗袍宣传海报.psd"，效果如图11-10所示。

图11-10

习题要点

使用"置入嵌入对象"命令置入图片，使用"自然饱和度"命令创建调整图层，调整图片色调，使用自由变换快捷键缩小图片，使用图层样式为图片添加特殊效果，使用横排文字工具添加文字。

任务11.3 掌握包装的制作

　　包装代表着一个产品的品牌形象。好的包装可以让产品在同类产品中脱颖而出，吸引消费者的注意力并激发其购买欲。本任务以多种类别的包装为例，讲解包装的构思方法和制作技巧，读者学习后可以制作出实用、美观的包装。

任务实践　制作薯片包装

任务背景

乐趣多是一家以薯片为主要产品的零食企业。现要求为公司设计一款原切薯片的包装，产品主要针对的是年轻且关注食品健康的消费者。在包装设计上要体现出原切薯片的概念。

任务要求

（1）以黄色和红色为主，色彩鲜明，以吸引消费者的注意。

（2）字体要简洁大气，配合整体的包装风格，让人印象深刻。

（3）设计以番茄和薯片图片为主，图文搭配合理，视觉效果强烈。

（4）以真实简洁的方式向消费者传达信息内容。

（5）设计规格为150毫米（宽）×210毫米（高），分辨率为150像素/英寸。

任务展示

图片素材所在位置：本书学习资源中的"Ch11\素材\制作薯片包装\01～03"。

设计作品效果所在位置：本书学习资源中的"Ch11\效果\制作薯片包装.psd"，效果如图11-11所示。

图11-11

任务要点

使用混合模式制作图片融合效果，使用椭圆工具绘制形状，使用横排文字工具、自由变换快捷键和"字符"面板添加文字，使用"高斯模糊"滤镜制作模糊效果，使用图层样式添加效果，使用"色阶""色相/饱和度"和"曲线"命令添加调整图层，调整图片颜色。

项目实践 1 制作午餐肉包装

项目背景

潮味派午餐肉是一家肉类加工公司，一直以提供安全、健康、高品质的肉类产品为己任。现要求为公司最新生产的午餐肉制作产品包装，要求与产品特性相契合，体现产品特色。

项目要求

（1）使用高饱和度的红色和蓝色吸引消费者的注意力。

（2）以产品实物图片为主体，激起消费者的食欲。

（3）字体的设计与宣传的主体相呼应，达到宣传的目的。

（4）整体设计要有吸引力，从而让人产生购买欲望。

（5）设计规格为338毫米（宽）×58毫米（高），分辨率为150像素/英寸。

项目展示

图片素材所在位置：本书学习资源中的"Ch11\素材\制作午餐肉包装\01～07"。

设计作品效果所在位置：本书学习资源中的"Ch11\效果\制作午餐肉包装.psd"，效果如图11-12所示。

图11-12

项目要点 使用"新建参考线版面"命令分隔页面，使用"置入嵌入对象"命令置入图片，使用图层样式为图片添加效果，使用横排文字工具和直排文字工具添加文字，使用矩形工具和直线工具绘制基本形状，使用"色相/饱和度"命令调整图片色调，使用"变形"命令调整图片。

项目实践2 制作瓶装饮料包装

项目背景

桃是桃有限公司是一家生产和销售各种桃汁饮料的公司。现要求设计一款瓶装饮料包装，主要针对的是关注健康、注意营养的消费人群，在包装设计上要体现出健康的理念。

项目要求

（1）设计要求以桃子的自然色彩为灵感，创造出清新、甜美的视觉效果。

（2）融入桃子元素，增加包装的趣味性和辨识度。

（3）合理搭配文字和产品图片，给人自然、可靠的印象。

（4）整体设计简单大方，颜色清爽明快，使人产生购买欲望。

（5）设计规格为218.9毫米（宽）×108毫米（高），分辨率为150像素/英寸。

项目展示

素材所在位置：本书学习资源中的"Ch11\素材\制作瓶装饮料包装\01~06"。

设计作品效果所在位置：本书学习资源中的"Ch11\效果\制作瓶装饮料包装.psd"，最终效果如图11-13所示。

图11-13

项目要点

使用"新建参考线"命令分隔页面，使用移动工具添加素材图片，使用图层蒙版调整图片的显示区域，使用横排文字工具和"字符"面板添加文字，使用矩形工具和直线工具绘制基本形状，使用图层样式为图片添加效果，使用"色相/饱和度"和"色阶"命令创建调整图层，调整图片颜色。

课后习题 1　制作苹果包装

习题背景

九月红农业发展有限公司是一家集农产品种植、加工、销售于一体的综合性企业，拥有业内先进设备和技术，致力于生产绿色、健康、优质的农副产品，满足消费者对食物的健康、美味、营养的多种需求。公司近期推出特色苹果，需要制作一款全新的包装，要求画面简洁直观，能体现出产品的特色。

习题要求

（1）品牌标志要清晰、醒目，以便消费者能够快速识别和辨认。

（2）突出本款产品的特点，以引起消费者的兴趣。

（3）包装上的配图要大且醒目，显现出苹果美味诱人的样子。

（4）设计风格符合公司品牌特色，简洁明了。

（5）设计规格为940毫米（宽）×300毫米（高），分辨率为150像素/英寸。

习题展示

图片素材所在位置：本书学习资源中的"Ch13\素材\制作苹果包装\01~ 07"。

设计作品效果所在位置：本书学习资源中的"Ch13\效果\制作苹果包装.psd"，效果如图11-14所示。

图11-14

习题要点

使用"新建参考线"命令分隔页面，使用矩形工具和椭圆工具绘制基本形状，使用"置入嵌入对象"命令置入图片，使用矩形选框工具和图层蒙版调整图片的显示效果，使用横排文字工具、直排文字工具和"字符"面板添加文字。

课后习题 2 制作盒装饮料包装

习题背景

天乐饮料是一家以果汁为主要产品的饮料企业。现要求为该公司设计一款盒装饮料的包装，产品主要针对的是关注健康、注意营养的消费人群。在包装设计上要体现出果汁来源于新鲜水果的信息。

习题要求

（1）以米黄色和粉红色为主，体现出产品新鲜、健康的特点。

（2）字体要求简洁大气，配合整体的包装风格，让人印象深刻。

（3）设计以水果图片为主，图文搭配合理，视觉效果强烈。

（4）以真实简洁的方式向消费者传达信息内容。

（5）设计规格为290毫米（宽）×290毫米（高），分辨率为300像素/英寸。

习题展示

图片素材所在位置：本书学习资源中的"Ch11\素材\制作盒装饮料包装\01～11"。

设计作品效果所在位置：本书学习资源中的"Ch11\效果\制作盒装饮料包装展开图.psd、制作盒装饮料包装立体图.psd"，效果如图11-15所示。

图11-15

习题要点

使用"新建参考线"命令添加参考线，使用选框工具和绘图工具添加背景底图，使用移动工具、蒙版和画笔工具制作装饰图片，使用横排文字工具和"文字变形"命令添加宣传文字，使用自由变换快捷键和钢笔工具制作立体效果。

任务11.4 掌握网页的制作

一个优秀的网站必定有着独具特色的网页设计，漂亮的网页更能吸引浏览者的目光。本任务以多个类型的网页为例，讲解网页的构思方法和制作技巧，读者学习后可以制作出精美的网页。

任务实践 制作中式茶叶官网首页

任务背景

品茗茶叶是一家以制茶为主的企业，秉承汇聚原产地好茶的理念，在业内深受客户的喜爱，已开设多家连锁店。现为提升公司知名度，需要设计官网首页，要求体现公司内涵、传达企业理念，并能展示出主营产品。

任务要求

（1）整体为中式风格。

（2）设计简洁大方，体现绿色、生态的理念。

（3）以绿色和白色为主色调，整体画面协调、统一。

（4）要求体现主营产品的种类和种植环境。

（5）设计规格为1920像素（宽）×3478像素（高），分辨率为72像素/英寸。

任务展示

图片素材所在位置：本书学习资源中的"Ch11\素材\制作中式茶叶官网首页\01~31"。

设计作品效果所在位置：本书学习资源中的"Ch11\效果\制作中式茶叶官网首页.psd"，效果如图11-16所示。

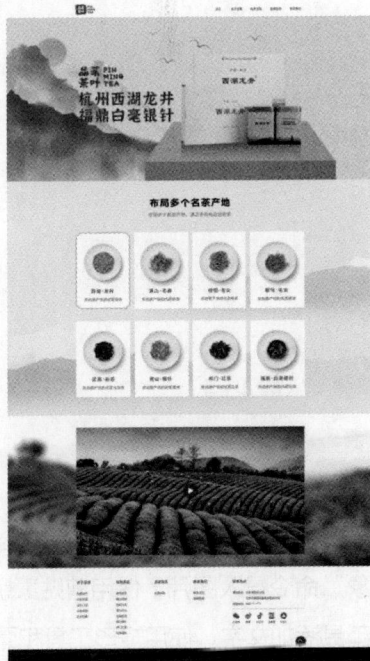

图11-16

任务要点 使用"新建参考线"命令建立参考线，使用"置入嵌入对象"命令置入图片，使用剪贴蒙版调整图片显示区域，使用横排文字工具添加文字，使用矩形工具和圆角矩形工具绘制基本形状。

项目实践 1　制作中式茶叶官网详情页

项目背景

为提升品茗茶叶的知名度，需要设计官网详情页，展示主推产品。

项目要求

（1）整体设计体现中式美学，色调自然淡雅。

（2）展示品牌故事，突出茶文化底蕴。

（3）展示茶叶主体及其冲泡效果。

（4）文字简洁有力，阅读性强。

（5）设计规格为1920像素（宽）×7302像素（高），分辨率为72像素/英寸。

项目展示

图片素材所在位置：本书学习资源中的"Ch11\素材\制作中式茶叶官网详情页\01~30"。

设计作品效果所在位置：本书学习资源中的"Ch11\效果\制作中式茶叶官网详情页.psd"，最终效果如图11-17所示。

项目要点　使用"新建参考线"命令建立参考线，使用"置入嵌入对象"命令置入图片，使用剪贴蒙版调整图片显示区域，使用横排文字工具添加文字，使用矩形工具和圆角矩形工具绘制基本形状。

图11-17

项目实践 2　制作中式茶叶官网招聘页

项目背景

现在需要设计品茗茶叶的官网招聘页，要求体现公司内涵、传达企业理念。

项目要求

（1）中式风格设计，凸显茶文化韵味。

（2）导航流畅，便于应聘者浏览。

（3）添加公司介绍，展现品牌文化背景。

（4）清晰列出职位信息，使页面内容简洁明了。

（5）设计规格为1920像素（宽）×2206像素（高），分辨率为72像素/英寸。

项目展示

图片素材所在位置：本书学习资源中的"Ch11\素材\制作中式茶叶官网招聘页\01~11"。

设计作品效果所在位置：本书学习资源中的"Ch11\效果\制作中式茶叶官网招聘页.psd"，最终效果如图11-18所示。

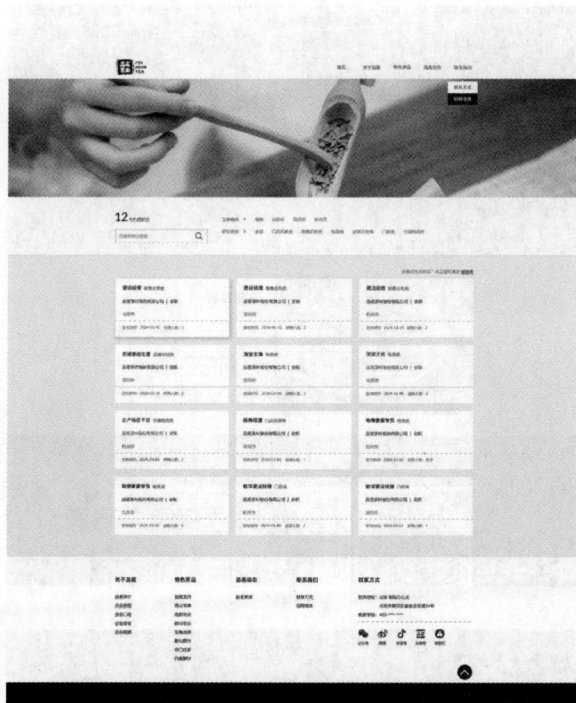

图11-18

项目要点　使用"新建参考线"命令建立参考线，使用"置入嵌入对象"命令置入图片，使用剪贴蒙版调整图片显示区域，使用横排文字工具添加文字，使用矩形工具和圆角矩形工具绘制基本形状。

课后习题 1 制作美食网站首页

习题背景

面朵餐饮管理有限公司是一家以制面为主的企业，在业内深受客户的喜爱，已开设多家连锁店。现为提升公司知名度，需要设计官网首页，要求体现公司内涵、传达企业理念，并能展示出主营产品。

习题要求

（1）整体版面简洁，布局合理。

（2）页面中展示出关于品牌的介绍文字，要选用易读字体。

（3）以黑色和白色为主色调，橙色为点缀色，色彩要和谐统一。

（4）要求展示出不同食物照片，吸引观者注意力。

（5）设计规格为1920像素（宽）× 2314像素（高），分辨率为72像素/英寸。

习题展示

图片素材所在位置：本书学习资源中的"Ch11\素材\制作美食网站首页\01~07"。

设计作品效果所在位置：本书学习资源中的"Ch11\效果\制作美食网站首页.psd"，效果如图11-19所示。

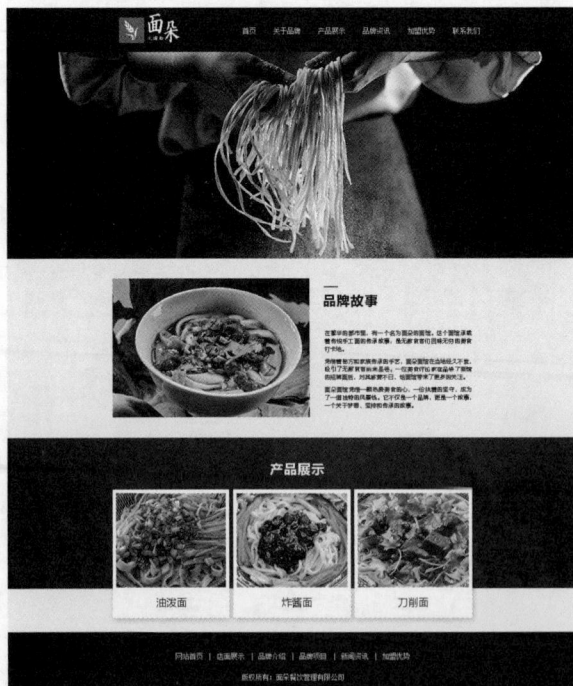

图11-19

习题要点 使用"新建参考线版面"命令和"新建参考线"命令建立参考线，使用"置入嵌入对象"命令置入图片，使用剪贴蒙版调整图片显示区域，使用横排文字工具添加文字，使用矩形工具和直线工具绘制基本形状。

课后习题 2 制作剪纸艺术网站首页

习题背景

剪纸网是一个以剪纸内容为主的网站，秉承传承剪纸技艺的理念，深受广大用户的喜爱。现为推广剪纸文化，需要设计官网首页，要求着重体现剪纸作品，并普及剪纸艺术的相关知识。

习题要求

（1）整体为中式风格。

（2）设计简洁大方，体现剪纸作品的精美。

（3）以红色和白色为主色调。

（4）要求包含剪纸作品及剪纸的相关信息。

（5）设计规格为1920像素（宽）×3551像素（高），分辨率为72像素/英寸。

习题展示

图片素材所在位置：本书学习资源中的"Ch11\素材\制作剪纸艺术网站首页\01~14"。

设计作品效果所在位置：本书学习资源中的"Ch11\效果\制作剪纸艺术网站首页.psd"，效果如图11-20所示。

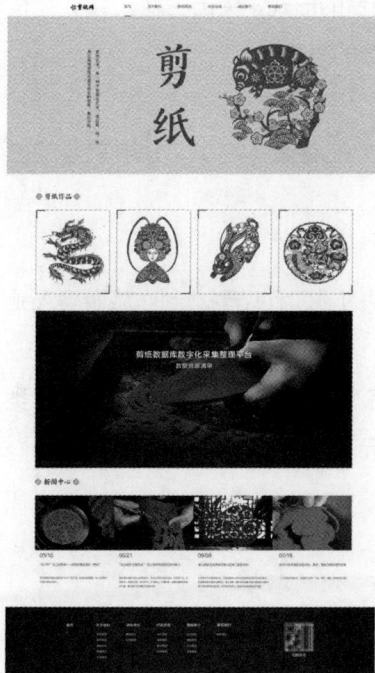

图11-20

习题要点 使用"新建参考线"命令建立参考线，使用"置入嵌入对象"命令置入图片，使用剪贴蒙版调整图片显示区域，使用横排文字工具、直排文字工具和"字符"面板添加文字，使用矩形工具绘制基本形状。

任务11.5 掌握App界面的制作

　　界面是UI设计中最重要的部分,是最终呈现给用户的结果,因此界面设计是涉及版面布局、颜色搭配等内容的综合性工作。本任务以旅游类App的多个界面为例,讲解App界面的构思方法和制作技巧,读者学习后可以制作出拥有自己独特风格的App界面。

任务实践　制作旅游类App首页

任务背景

畅游旅游是一家在线票务服务公司,已创办多年,为会员提供集酒店预订、机票预订、度假预订、商旅管理、特惠商户及旅游资讯在内的全方位旅行服务。现需重新设计一个App首页,要求符合公司经营项目的特点。

任务要求

(1)界面布局合理,模块划分清晰、明确。

(2)Banner采用风景图与文字相结合的形式,突出主题。

(3)整体色彩鲜艳时尚,使人有浏览的兴趣。

(4)景点图与介绍性文字合理搭配,相互呼应。

(5)设计规格为750像素(宽)×2086像素(高),分辨率为72像素/英寸。

任务展示

图片素材所在位置:本书学习资源中的"Ch11\素材\制作旅游类App首页\01~17"。

设计作品效果所在位置:本书学习资源中的"Ch11\效果\制作旅游类App首页.psd",效果如图11-21所示。

图11-21

任务要点　使用圆角矩形工具、矩形工具和椭圆工具绘制形状,使用"置入嵌入对象"命令置入图片和图标,使用剪贴蒙版调整图片显示区域,使用"渐变叠加"命令添加效果,使用横排文字工具输入文字。

项目实践 1 制作旅游类App引导页

项目背景

现需为畅游旅游公司重新设计一个App引导页，要求以风景图为主，以吸引用户的兴趣。

项目要求

（1）界面以风景图片为主，生动形象地表现公司经营项目。

（2）宣传语排版合理，便于用户浏览。

（3）界面切换按钮具有设计感。

（4）整体设计风格简洁大气，自然、美观。

（5）设计规格为750像素（宽）×1624像素（高），分辨率为72像素/英寸。

项目展示

图片素材所在位置：本书学习资源中的"Ch11\素材\制作旅游类App引导页\01~09"。

设计作品效果所在位置：本书学习资源中的"Ch11\效果\制作旅游类App引导页.psd"，最终效果如图11-22所示。

图11-22

项目要点 使用"置入嵌入对象"命令置入图像和图标，使用"渐变叠加"命令和"颜色叠加"命令添加效果，使用横排文字工具输入文字。

项目实践 2 制作旅游类App闪屏页

项目背景

现需为畅游旅游公司重新设计一个App闪屏页，要求以风景图为主，以吸引用户的兴趣。

项目要求

（1）以风景图片为主，生动形象地表现公司经营项目。

（2）将公司名称放在醒目的位置。

（3）整体设计风格简洁大气。

（4）设计规格为750像素（宽）×1624像素（高），分辨率为72像素/英寸。

项目展示

图片素材所在位置：本书学习资源中的"Ch11\素材\制作旅游类App闪屏页\01~04"。

设计作品效果所在位置：本书学习资源中的"Ch11\效果\制作旅游类App闪屏页.psd"，最终效果如图11-23所示。

图11-23

项目要点 使用"置入嵌入对象"命令置入图像和图标，使用图层样式添加特殊效果，使用横排文字工具输入文字。

制作旅游类App个人中心页

公司重新设计一个App个人中心页，要求以功能性为主，便于用户编辑信息和查看订单。

计简洁直观，便于用户按需查看和使用多种功能。

信息的罗列简单明了，便于编辑。

功信息及模块布局合理，醒目、清晰。

用工具排版规范，整齐大方。

设计规格为750像素（宽）×1624像素（高），分辨率为72像素/英寸。

题展示

图片素材所在位置：本书学习资源中的"Ch11\素材\制作旅游类App个人中心页\01~23"。

设计作品效果所在位置：本书学习资源中的"Ch11\效果\制作旅游类App个人中心页.psd"，最终效果如图11-24所示。

习题要点 使用圆角矩形工具、矩形工具、椭圆工具和直线工具绘制形状，使用"置入嵌入对象"命令置入图片和图标，使用剪贴蒙版调整图片显示区域，使用"渐变叠加"命令添加效果，使用"属性"面板制作弥散投影，使用横排文字工具输入文字。

图11-24

课后习题2 制作旅游类App登录页

习题背景

现需为畅游旅游公司重新设计一个App登录页，要求排版简洁大方，便于用户登录。

习题要求

（1）文字排版合理，主次分明。

（2）"登录"按钮醒目规范，便于用户点击。

（3）整体设计简洁大气。

（4）设计规格为750像素（宽）×1624像素（高），分辨率为72像素/英寸。

习题展示

图片素材所在位置：本书学习资源中的"Ch11\素材\制作旅游类App登录页\01~10"。

设计作品效果所在位置：本书学习资源中的"Ch11\效果\制作旅游类App登录页.psd"，最终效果如图
11-25所示。

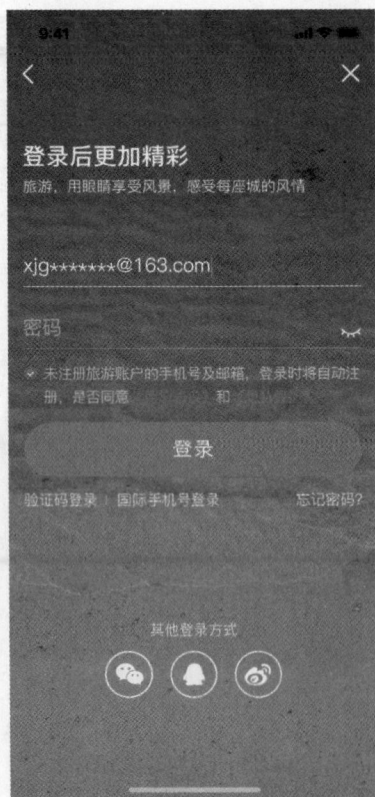

图11-25

习题要点

使用圆角矩形工具和直线工具绘制形状，使用"置入嵌入对象"命令置入图片和图标，使用"颜色叠加"命令添加效果，使用横排文字工具输入文字。